Erlebniswelten

Reihe herausgegeben von

Universität Koblenz-Landau, Institut für Soziologie, Universität Koblenz-Landau, Koblenz, Deutschland

Ronald Hitzler, Institut für Soziologie, Technische Universität Dortmund Dortmund, Deutschland

Franz Liebl, Fakultät Gestaltung, Universität der Künste Berlin Berlin, Deutschland

Paul Eisewicht, Institut für Soziologie, Universität Münster Münster, Deutschland

Michael Ernst-Heidenreich, Institut für Soziologie, Universität Koblenz Koblenz, Deutschland

In allen Gesellschaften (zu allen Zeit und allerorten) werden irgendwelche kulturellen Rahmenbedingungen des Erlebens vorproduziert und vororganisiert, die den Menschen außergewöhnliche Erlebnisse bzw. außeralltägliche Erlebnisqualitäten in Aussicht stellen: ritualisierte Erlebnisprogramme in bedeutungsträchtigen Erlebnisräumen zu sinngeladenen Erlebniszeiten für symbolische Erlebnisgemeinschaften. Der Eintritt in dergestalt zugleich ‚besonderte' und sozial approbierte Erlebniswelten soll die Relevanzstrukturen der alltäglichen Wirklichkeit – zumindest partiell und in der Regel vorübergehend – aufheben, zur mentalen (Neu-)Orientierung und sozialen (Selbst-) Verortung veranlassen und dergestalt typischerweise mittelbar dazu beitragen, gesellschaftliche Vollzugs- und Verkehrsformen zu erproben oder zu bestätigen.

Erlebniswelten können also sowohl der ‚Zerstreuung' dienen als auch ‚Fluchtmöglichkeiten' bereitstellen. Sie können aber auch ‚Visionen' eröffnen. Und sie können ebenso ‚(Um-)Erziehung' bezwecken. Ihre empirischen Erscheinungsweisen und Ausdrucksformen sind dementsprechend vielfältig: Sie reichen von ‚unterhaltsamen' Medienformaten über Shopping Malls und Erlebnisparks bis zu Extremsport- und Abenteuerreise-Angeboten, von alternativen und exklusiven Lebensformen wie Kloster- und Geheimgesellschaften über Science Centers, Schützenclubs, Gesangsvereine, Jugendszenen und Hoch-, Avantgarde und Trivialkultur-Ereignisse bis hin zu ‚Zwangserlebniswelten' wie Gefängnisse, Pflegeheime und psychiatrische Anstalten.

Die Reihe ‚Erlebniswelten' versammelt – sowohl gegenwartsbezogene als auch historische – materiale Studien, die sich der Beschreibung und Analyse solcher ‚herausgehobener' sozialer Konstruktionen widmen.

Herausgegeben von

Winfried Gebhardt
Universität Koblenz-Landau
gebhardt@uni-koblenz.de

Ronald Hitzler
TU Dortmund
ronald@hitzler-soziologie.de

Franz Liebl
Universität der Künste Berlin
franzL@udk-berlin.de

Paul Eisewicht
Universität Münster
paul.eisewicht@uni-muenster.de

Michael Ernst-Heidenreich
Universität Koblenz-Landau
mic-ernst@uni-koblenz.de

Kristian Naglo

In Fußballwelten

Perspektiven auf kulturellen Wandel in Glokalisierungsräumen

Springer VS

Kristian Naglo
Mainz, Deutschland

ISSN 2945-8293 ISSN 2945-8307 (electronic)
Erlebniswelten
ISBN 978-3-658-31552-8 ISBN 978-3-658-31553-5 (eBook)
https://doi.org/10.1007/978-3-658-31553-5

Die Deutsche Nationalbibliothek verzeichnet diese Publikation in der Deutschen Nationalbibliografie; detaillierte bibliografische Daten sind im Internet über https://portal.dnb.de abrufbar.

Springer VS ist ein Imprint der eingetragenen Gesellschaft Springer Fachmedien Wiesbaden GmbH und ist ein Teil von Springer Nature.
Die Anschrift der Gesellschaft ist: Abraham-Lincoln-Str. 46, 65189 Wiesbaden, Germany

„Sofort abmelden, die Kirmestruppe!“
*– Otto (*23.09.1938 †22.12.2025)*

Prolog: Ein Blick in die Stadien der Profis und auf die Sportanlagen der Amateure

Die Welt, die sich allen öffnet, die ein professionelles Fußballspiel in einem *Stadion* besuchen, ist ein auf alle Sinne einstürmender Kontrast zum Alltag. Sobald man aus der Betonkonstruktion des Umfelds das Innere aus Tribüne und Spielfeld betritt, weitet sich der Raum und wird plötzlich dominiert von Menschen, kleinen Gruppen oder Familien auf der Suche nach ihren Plätzen, Essen und Getränke jonglierend. In diesem Moment erscheint eine neue, helle und nach (Fan-)Farben geordnete Welt. Der Rasen leuchtet grün und riecht wahrnehmbar – wenn die Distanz zum Platz nicht zu groß ist – nach Wiese. Der Geräuschpegel ist geprägt durch ein lautes Gewirr an Stimmen, während sich die Spieler ritualisiert und angeleitet aufwärmen und der Stadionsprecher Informationen zu den Mannschaften verkündet, auf die die Fans mit Gebrüll reagieren. Nicht einsehbar sind die Katakomben mit dem Kabinentrakt, der ‚Bauch' des Stadions, ein mystischer Ort und Schauplatz von Interviews und Pressekonferenzen. Aus ihm heraus betreten die Spieler den Platz, was den Lärmpegel sofort in die Höhe schnellen lässt. Noch zeigen beide Mannschaften sich gemeinsam, ein respektvoller Aufmarsch der Gladiatoren vor dem Kräftemessen.

Nimmt man die Zuschauenden vor dem Anpfiff noch als Individuen wahr, sind sie nach dem *kick off* nur noch Kulisse für das Geschehen auf dem Rasen. Aus der Vielfalt der Stimmen werden lautere, eingeübte Gesänge und leidenschaftliches Schreien und Pfeifen. Gerahmt ist das Geschehen häufig von riesigen Bildschirmen, die Spielsequenzen vervielfachen und die visuellen Reize potenzieren. Hat das Spiel begonnen, wird es oft also gleichzeitig und paradoxerweise für die Anwesenden zusätzlich aus verschiedenen Perspektiven übertragen, wie in einem riesigen Wohnzimmer.

Noch vor vier Jahrzehnten, bevor es Privat- und Bezahlfernsehen gab und das Spiel auf Top-Niveau noch kein hochkommerzialisiertes Hochglanzprodukt war, prägte die Atmosphäre im Stadion vor allem eine Geruchsmischung aus Bier, Bratwurst, Pyrotechnik und Urin. In den familienfreundlicheren, modernen Arenen heutzutage findet man oft ein breites kulinarisches Angebot und in der Regel halbwegs saubere Sanitäranlagen, mitunter sogar Heizstrahler an den Dachkonstruktionen. Pyrotechnik ist (eigentlich) verboten. Die gewaltbereiten Hooligans wurden aus den Stadien verdrängt, sie treffen sich für ihre Schlachten nun an Orten außerhalb – wobei sie im Zuge eines zu beobachtenden politischen *backlashs* ein Comeback in den Stadien erleben könnten. In den Vordergrund ist zunehmend der Aspekt der Disziplinierung getreten. Kontrolle und (Video-)Überwachung ist gängig, in manchen Ländern ist sogar eine Gesichtserkennung Voraussetzung für den Zugang zum Stadioninnenraum.

Spielende sind im Stadion strikt von den Zuschauenden getrennt, Berührungen werden nur in Einzelfällen erlaubt, zum Feiern auf dem Platz nach ‚großen' Siegen oder wenn Spieler zu den Fans gerufen werden, um beispielsweise das ‚Humba-Lied' anzustimmen. Auch die verschiedenen Zuschauergruppen sind streng separiert: Stehränge, verschiedene Sitzplatzareale, VIP-Bereiche oder *Lounges* mit der Möglichkeit, das Spiel *indoor* inklusive Buffet zu verfolgen (‚hospitality'). Es sind einerseits verschiedene gesellschaftliche Schichten auf der Tribüne zu finden, andererseits besteht ein Zusammenhang von finanziellen Möglichkeiten und körperlicher Mobilität: Je weniger Kapital der Einzelne besitzt oder einsetzt, desto stärker ausgeprägt ist die Erfahrung von oft auch gewollter Begrenztheit und direkter Nähe: denn natürlich gibt es auch finanzkräftige Fans, die Stehränge, und damit eine direkte Verbindung zu ‚Gleichgesinnten' dem distanzierten Luxus des VIP-Bereichs oder eines Sitzplatzes mit sehr guter Sicht vorziehen.

Die Zuschauenden erleben die Spiele ganz unterschiedlich, in verschiedenen Aktivitäts- und vermutlich auch Aggressionsgraden. Viele blicken dabei oft mehr durch die Linse ihrer Handykamera als mit den eigenen Augen aufs Spielfeld. Fangruppen wie die *Ultras* inszenieren sich durch Choreografien und Gesänge und geben dem Spiel damit einen feierlichen Rahmen, der freilich trotz aller Kontrollen auch ausarten kann. Ist man emotional involviert, und das ist bei den meisten an diesem (immer noch) deutlich männlich dominierten Ort so, dient das Stadion als Resonanzraum für bewegende Momente, für Glücksgefühle besonderer Art, die die Fans aus Frust oder Freude zum Weinen bringen können. Viele kommen in Gruppen, um in einer noch größeren Gruppe aufzugehen, physisch, aber auch akustisch, und geben sich selbst dabei für einen Moment auf. Da alles rund um ein Fußballspiel in konkurrierende Familien eingeteilt ist, können Stadien positiv oder negativ belegt werden, stärkend oder furchteinflößend wirken und damit psychologische

Vorteile für die Heim- sowie Nachteile für die Auswärtsmannschaft bewirken. Betagte Stadien bestechen durch ihre *Patina* als Symbole des Bewährten. Moderne Arenen können nur abstrakt, dafür aber umso vehementer auf ‚Traditionen' verweisen und diese dadurch neu erfinden, etwa durch überlebensgroße Darstellungen alter Helden oder Verweise auf Katastrophen, die sich dort oder im Verein ereignet haben. Stadien sind damit bei weitem nicht nur Orte der Ausgelassenheit, sondern vielmehr Gebets- und Wallfahrtsorte. Die absolute Hingabe der Anhänger für Spiel und Mannschaft, die symbolische Bedeutung der Kleidung, die Gesichtsbemalung und andere Utensilien offenbaren den quasi-religiösen Status des Spiels. Insofern hat der populäre Fußball die Religion zumindest teilweise als mythische Form, als Modell für Moralität und als Antwort auf die Frage nach Sinn und Bedeutung in der Gesellschaft abgelöst.

Die *lokalen Fußballplätze des Amateurfußballs* der Frauen, Männer, Jugendlichen und Kinder sind demgegenüber zunächst als Räume zu verstehen, in denen Wochenende für Wochenende deutlich mehr Spiele stattfinden als in den Stadien des spektakulären Profifußballs. Für die biographische Entwicklung Einzelner und gesellschaftliche Prozesse ist alles, was unterhalb des Profifußballs geschieht also bedeutsamer als das omnipräsente professionelle Hochglanzprodukt. Charakteristisch für den nicht-professionellen Fußball ist dabei zunächst die persönliche Verortung der Beteiligten in diesen lokalen Räumen, was sich auf der individuellen Ebene in der Regel in einer *Vereinsmitgliedschaft* ausdrückt. Die durch Anonymität geprägte Atmosphäre in den großen Stadien wird hier durch die Frage absoluter Zugehörigkeit oder eben Nicht-Zugehörigkeit im Sinne von Nähe kontrastiert.

Betritt man eine lokale Sportanlage im Stadtteil oder im Dorf, stellt sich also umgehend die Frage nach Verortung, und zwar auf einer persönlichen Ebene. Während im Stadion des Profifußballs die *Inszenierung* des Events nach einer groben Parteinahme für die eine oder andere Mannschaft und deren Farben verlangt, geht es auf dem Platz des Amateurfußballs vor allem auch um die Frage, ob man zur Gemeinschaft (z. B. der ‚Vereinsfamilie') gehört und andere Anwesende persönlich kennt. Häufig sind die Ehrenamtlichen, die Familien und Freunde bzw. Freundinnen der Spielerinnen und Spieler auch während offizieller Begegnungen unter sich. Erst wenn die Anzahl der Zuschauenden in Ausnahmefällen größer ausfällt (Derbys!), lassen sich Fanlager ausmachen, existiert regelrechter *Support*, der aber weniger orchestriert ist als im großen Stadion, sondern sich in einem oft aufgeregten und hitzigen Wirrwarr sich überlagernder und überschlagender Stimmen ausdrückt. Geprägt ist dieser Raum durch den Eindruck und das Gefühl von Nähe: Die Zuschauenden verfolgen Spiele direkt am Spielfeldrand. Dadurch bekommt man einen direkten Eindruck von Körperlichkeit vermittelt, wenn etwa Spielerinnen und Spieler in direkter Nähe Zweikämpfe führen, ineinander krachen, sich verletzt am Boden krümmen oder sich gegenseitig beschimpfen. Verbale und nonverbale Interaktionen und Grenzüberschreitungen (Sexismus, Rassismus, Homophobie, Gewaltandrohung bzw. -ausübung usw.), der Austausch von Freundlichkeiten und Unfreundlichkeiten zwischen Zuschauenden und Spielenden bzw. den Unparteiischen sind – wie im professionellen Fußball – keine Seltenheit und beeinflussen die Wahrnehmung von Atmosphäre.

Die Anlagen bieten keine exklusiven Räume, keine *VIP*-Bereiche – das ist in der Regel erst im ‚Semi-Professionellen' Fußball der Fall, hier nicht selten als *VIP-Zelt* –, jede Person, die Eintritt bezahlt hat, kann sich relativ frei bewegen. Tabu sind nur die Umkleidekabinen der Mannschaften. Platzwarte sorgen für und rufen zur Ordnung, sammeln Liegengelassenes, präparieren und pflegen die Plätze (z. B. ‚Eckfahnen stecken') und schließen die Einrichtungen auf und zu, kurzum: sie bewegen sich wie Sheriffs in alten Western über die Anlage und haben, als verlängerte Arme der Stadt- oder Dorfverwaltung, auch ein gewisses Maß an Autorität.

Essen und Getränke spielen auch auf lokalen Sportanlagen eine zentrale Rolle, in der Regel verkauft aus kleinen Buden, im Kinderfußball oder während Turnieren von ‚Bierbänken' oder Tischen (‚Selbstgebackenes' oder ‚Gekauftes'), was an Stimmungen und Gerüche von Schulfesten oder in Freibädern erinnert. Auch die Musik nimmt eine wichtige Rolle ein als ständiges Hintergrundgeräusch aus den Kabinen der Mannschaften (Playlist!), während des Aufwärmens oder wenn die Mannschaften direkt vor dem Spiel auf den Platz schreiten und sich anschließend per Handschlag begrüßen. Die Klangqualität der Lautsprecher ist häufig miserabel, die Abläufe allerdings ähneln dann jenen des Profifußballs.

In den letzten beiden Jahrzehnten haben *Kunstrasenplätze* im sogenannten Amateurfußball an Bedeutung hinzugewonnen, deren Neubau und stadionhafte Einzäunung und damit Schließung, oft einhergehend mit der Umbenennung in ‚Arena', als Ausdruck eines Modernisierungsprozesses und existenzsichernde Maßnahme gedeutet werden können. Die Kunstrasenplätze lösen in der Regel die alten Hartplätze oder *Tennenflächen* ab, aber auch bestehende Naturrasenplätze. Generationen von Spielern und Spielerinnen wurden auf der so genannten ‚Asche' groß und wissen davon zu berichten, mit nässenden Schürfwunden, die wochenlang an Hosen und Bettlaken klebten, mit staubigen Plätzen im Sommer und gefrorenen oder matschigen im Winter, die das Spiel oftmals zu einer besonderen, weil unwägbaren Herausforderung machten. Die modernen Kunstrasenplätze wiederum stehen demgegenüber für eine Interpretation zunehmender Attraktivität und Leichtigkeit des Spiels, das vermeintlich immer schneller und sauberer und in dem das unwägbare Element sowie der Schmutz weiter zurückgedrängt wird (Positionsspiel, Guardiolisation). Hier geht es um Disziplinierung, Ausbildung, Vorstellungen von Hygiene und angemessenem Umgang mit Körperfunktionen. Natur hat der Amateurfußball als Freizeitaktivität in diesen Räumen weitgehend hinter sich gelassen, vielmehr imitiert er sie: Kunstrasenplätze sind immer grün, obwohl sie natürlich auch lila oder orange sein könnten – Ausnahmen sind vereinzelt stattfindende Spiele auf ‚zugeschneiten' Plätzen. Damit bietet der Kunstrasen das ideale Umfeld für die zunehmende kommunikative und rituelle Modernisierung und Professionalisierung des Spiels auch in den untersten Amateurbereichen oder im Kinderfußball. Dies führt zur paradoxen Situation, dass es in den Stadien des hyperkommerzialisierten Profifußballs nach wirklichem Gras riecht – wobei auch hier zunehmend so genannte *Hybridrasen* als Mischung aus Kunst- und Naturrasen zum Einsatz kommen – und die Spieler und Spielerinnen auf schlammigen, schmutzigen Böden spielen und rutschen, während im Amateur-, Jugend- und Kinderfußball der Basis je nach Region, insbesondere im Sommer, die (häufig noch) Erdöl-basierten Plastikhalme schmelzen – mittlerweile ist zumindest das ‚Füllmaterial' organisch, wahlweise aus Sand, Kork oder Bio-Kautschuk – und an den Schuhen von Spielerinnen und Spielern kleben, die, aufgrund des stumpfen Bodens, kaum mal ein *Tackling* wagen können. Der Geruch erinnert dann eher an Autoreifen. Die Trikots und Hosen bleiben allerdings relativ sauber. Letztlich müssen die Sinne hinnehmen, was ihnen geboten wird. Hier wie dort.

Schließlich ist auf den lokalen Anlagen häufig die Rede vom ‚Spaß', um den sich vermeintlich alles dreht. Es gilt jedoch zu bedenken: Amateur-, Jugend- und Kinderfußballerinnen und -fußballer unterwerfen sich in ihrer Freizeit Verhältnissen der Arbeitswelt und Zwängen der Ökonomisierung des eigenen Körpers bzw. der eigenen Biografie. Der Zusammenhang von ‚Leistung und Spaß' findet sich besonders ausgeprägt auf der Ebene des Kinder- und Jugendfußballs: Heranwachsende sollen in einem auch architektonisch überschaubaren und kontrollierten Rahmen Spaß haben, sich erproben und *Freizeit* ‚erleben'. Diese ‚Erprobung' ist jedoch aus Sicht vieler Eltern hochgradig zweckrational und von Optimierungsbestrebungen (‚Traum Profifußballerin bzw. Profifußballer') gekennzeichnet. Der lokale Kinder- und Jugendfußball ist entsprechend auf allen Ebenen fest in den elterlichen Erziehungsplan einer gewünschten Optimierung eingebunden. Das Streben nach Optimierung im nicht-professionellen Fußball findet dann seinen Höhepunkt im Kontext des elitären Jugendfußballs der Nachwuchsleistungszentren und deren Kooperation mit Schulen.

Mainz, Deutschland Kristian Naglo

Interessenskonflikt Der/die Autor*in hat keine relevanten Interessenskonflikte im Zusammenhang mit dieser Publikation.

Inhaltsverzeichnis

Einleitung

1

Der vorliegende Text versteht sich als Beitrag zur soziologisch und kulturwissenschaftlich orientierten Fußball- und Globalisierungsforschung.[1] Er bezieht dabei empirische Studien und Auseinandersetzungen mit dem Gegenstand ein, die über einen Zeitraum von mehreren Jahren entstanden sind im Sinne einer vergleichenden Betrachtung von Beispielen aus dem organisierten deutschen – und punktuell auch dem englischen –, nicht-professionellen[2] Fußball und seinen Grenzbereichen, zu denen hier ausdrücklich auch der elitäre Jugendspitzenfußball gezählt wird. Im Zentrum steht *kultureller Wandel* in diesen gesellschaftlich relevanten Räumen und seinen Sinnwelten.

Die zentrale Prämisse des Buchs lautet, dass soziale Welten des nicht-professionellen Fußballs aus Mischungen, Verbindungen und gegenseitigen Beziehungen des Lokalen und National-Globalen und entsprechenden Ambivalenzen bestehen. Während die spezifischen kulturellen und historischen Kontexte, in

[1] Hier wird argumentiert, dass Fußball kein marginales Thema ist, sondern vielmehr einschlägiges Beispiel weltweiter Konnektivität und kultureller Praktiken und Symboliken, das spezifische Wissensbestände hervorbringt und gleichzeitig bedeutsamer Teil von Globalisierungsprozessen ist. Gleichzeitig muss einordnend konstatiert werden, dass das Spiel in Ländern wie Neuseeland, Australien oder Indien deutlich weniger populär ist als etwa Rugby, Cricket oder Tennis.

[2] Ganz allgemein verstehe ich unter ‚professionell' oder ‚Professionalisierung' im Fußball den Wandel von einem Zeitvertreib mehr oder weniger begeisterter Amateursportler, der von weitgehend ehrenamtlichen Strukturen unterstützt wird, hin zu einem hochkomplexen System, das hauptamtliche Fußballer und Fußballerinnen und zunehmend spezialisiertes Personal umfasst (Dowling et al. 2014). Bei der Professionalisierung geht es also vor allem darum, die (Rahmen-)Bedingungen der Spieler und Spielerinnen zu verbessern, um entsprechende Voraussetzungen für ihre sportliche Entwicklung und Leistungsfähigkeit zu bieten.

K. Naglo, *In Fußballwelten*, Erlebniswelten,
https://doi.org/10.1007/978-3-658-31553-5_1

denen sich das Spiel jeweils entwickelt hat, fraglos von großer Bedeutung sind für konkrete Ausprägungen und Erfahrungen, ist es m.E. offensichtlich, dass wir uns hier mit einem Phänomen beschäftigen, dessen Dimensionen eher national und international als lokal und isoliert zu begreifen sind, nicht zuletzt angesichts des umfassenden Einflusses der elektronischen Medien (vgl. z. B. Redhead 1997, 2015; Werron 2010). Die konkrete Erfahrung des nicht-professionellen Fußballs, aufgrund seiner lokalen Ausdifferenzierung und Verortung in einem oftmals diffusen Gefühl lokaler[3] Identität, fordert jedoch die Idee von *Globalisierung* als eindimensionalem, standardisiertem und medial einseitig gesteuertem Prozess heraus. Die vorliegende Studie ist dementsprechend grundsätzlich kultursoziologisch einzuordnen, insofern sie ersichtlich macht, dass Imaginationen, Selbstbeschreibungen und Situationsdeutungen einen maßgeblichen Bezugsrahmen für die Herstellung einer Realität bilden, die dann auf die harten empirischen Fakten und Praktiken ausgreift.[4]

Soziale Räume, wie diejenigen des lokalen Fußballs, sind geprägt durch spezifische lokale Praktiken[5] und (Selbst)Wahrnehmungen, die die Arten und Weisen beeinflussen, wie das im Verein organisierte Spiel unterhalb der professionellen Ebene praktisch funktioniert. Dies beinhaltet z. B. auch Werte, Traditionen und Mythen, die Impulse zur Veränderung (z. B. Modernisierung, *Re*-Organisierung, Rekrutierung) ab und zu erleichtern, manchmal aber auch abschwächen können.

[3] Lokal bezeichnet hier zunächst den *Nahraum* des Dorfes oder Stadtteils, in dem die jeweiligen Vereine verankert sind.

[4] „Ganz generell hantiert die Kultursoziologie – so wie das kulturwissenschaftliche Denken insgesamt – mit den Kategorien des Sinns, der Bedeutung und des Symbolischen. Das in der sozialen Welt Gegebene ist nicht einfach ‚vorhanden', und es lässt sich auch nicht kurzerhand über den Verweis auf kausale Kräfte, individuelle Intentionen, statistische Regelmäßigkeiten oder funktionale Folgen erklären. Seine Entstehung und Reproduktion wird vielmehr nur nachvollziehbar, wenn man einzelne Verhaltensweisen, aber auch Artefakte oder Zeichen einbettet in den komplexen Zusammenhang spezifischer Denk- und Wahrnehmungsweisen, kollektiver Interpretations- und Wissensformen, die innerhalb der sozialen Welt selber nur halb oder gar nicht bewusst sind und die weit weniger stabil und homogen sind, als es auf den ersten Blick scheint." (Reckwitz 2010, S. 180).

[5] „Sprachliche und nicht-sprachliche Praktiken können als Materialisierung von kollektivem, sozial erzeugtem und bereitgestelltem Wissen verstanden werden. Einzelne Individuen sind Träger und Interpreten der gesellschaftlich konventionalisierten Praktiken, auch wenn solche Interpretationen mitunter nur als ‚körperliche Reaktionsweisen' erscheinen. Praktiken sind als typisierte Handlungsmuster Bestandteil der kollektiven Wissensvorräte. Von den Individuen werden sie in Prozessen der Sozialisation und des Lernens als Routinekompetenzen des Handelns und Be-Deutens zugleich inkorporiert, ohne dass dies notwendig eine im starken Sinne bewusst-reflexive Zuwendung zum jeweiligen Handlungsakt erfordert." (Keller 2005, S. 61 f.).

Angestoßen werden solche Prozesse im ‚großen' wie im ‚kleinen' Fußball häufig durch *Krisen*, die eigentlich immer Konjunktur haben, ob in Bezug auf Sport- oder Stadionanlagen, Corona, Ergebnisse, Leistungsbewertungen, das Rekrutieren von Spielerinnen und Spielern usw. Hier zeigt sich das Globale als Bereich eines Imaginären, das auf lokale Praktiken ausgreift. Dem Begriff der Krise wird in diesem Zusammenhang insofern eine besondere Bedeutung beigemessen.

Neben Krisen stellen *Events* wesentliche Kontexte für Interaktionen dar, als hoch symbolische und wiederkehrende Aktivitäten, die intensives, subjektives Engagement in verschiedener Hinsicht verlangen.[6] Im Fußball ist dabei von zentraler Bedeutung, dass Events nicht nur das Außergewöhnliche, Außeralltägliche repräsentieren, sondern auch das *All*tägliche. Dabei stellt sich immer auch die Frage nach *Spaß*[7] (insbesondere auch im Kinder- und Jugendfußball) und was dieses Konzept in einem stark kompetitiven Kontext und ständigen Optimierungsansprüchen an den Einzelnen bedeutet, zu verstehen als Sinn-Angebot unter Bedingungen einer so genannten ‚zweiten Moderne', aus denen Menschen ihre ‚Bastelexistenzen' zusammenfügen, um sich gesellschaftlich ‚wiedereinzubetten' (Betz et al. 2016, S. 22). Ein Kernaspekt im Fußballkontext ist dabei sicherlich, das Events inhärente Versprechen nach einem *vergemeinschaftenden, sinngebenden Erleben* (Hitzler 2015).[8]

Auf der Grundlage diverser Diskussionen und Forschungsarbeiten zum Thema (Amateur)Fußball zielt das vorliegende Buch auf die Analyse gesellschaftlicher Anpassungs- und Vermittlungsprozesse, mit *Glokalisierung* als zentralem Begriff (Kap. 2). Spezifisch geschieht dies auf der Basis einer historisch-konzeptuellen Grundlegung mit den Schwerpunkten *Wandel* und *Differenzierung* (Kap. 3), wobei zunächst die historische Entwicklung von Vereinen und des ‚Deutschen Fußball

[6] Hardy, Loy und Booth (2009, S. 133) sprechen auch von *framing in sport*, als „the tendency to surround the *agon* with frames of spectacle and festival (…)."

[7] „Phänomenologisch gesprochen betrachtet liegt der Spaß (…) im Selbst begründet. Und dies erklärt auch wunderbar, warum manche Situationen manchen Subjekten Spaß machen, sie amüsant, aufregend, ungewöhnlich sind, in jedem Fall aber besonders und zumindest für einen Augenblick die Klarheit und Regelhaftigkeit des Alltags durchbrechen, und für manche sich der Reiz des Ungewöhnlichen nicht darbietet. Dies ist die Definition des Spaßes: Er ist im Hier-weltlichen und Mundanen angesiedelt und unterscheidet sich so eindeutig von sakralen Festen mit transzendentem Bezug. In Bezug auf die möglichen Erfahrungen und Institutionen des Handelns ist der Spaß eine Störung, er liegt außerhalb des Üblichen. Was für das Selbst ein Spaß ist, bleibt ihm und seiner biographischen Situation geschuldet. Somit sind Situationen des Amüsements ebenso Spaß wie solche der bewussten Trauer, der Erregung, des Horrors, der Ermattung etc." (Kotthaus 2019, S. 115).

[8] Allerdings feiert man beim Fußball auch häufig gegeneinander statt miteinander.

Bund' (DFB) als zentrale Akteure des organisierten Fußballs fokussiert werden. Anschließend wird der einflussreichen Vorstellung des Fußballs als einem bedeutsamen Vehikel im Kontext gesellschaftlicher Integrationsprozesse nachgegangen. Dem folgt eine vertiefende Einordnung des medial geprägten Profifußballs und des Amateurfußballs in einer Art Gegenüberstellung. Schließlich wird ein Konzept von ‚Fußballkulturen' am deutsch-englischen Beispiel entwickelt, das auch Narrative von Krise in den beiden nationalen Kontexten einbezieht – der Vergleich der beiden Länder wird dann später in den empirischen Beispielen des lokalen Fußballs wieder aufgegriffen. Abschließend geht es im Kontext *glokaler* Zusammenhänge um *Kunstrasenplätze* als Sportprodukte und Beispiele materieller Kultur, die im gegenwärtigen nicht-professionellen Fußball als wesentlich für Neuinterpretationen des Spiels angesehen werden und in den Fallbeispielen bisweilen eine zentrale Rolle übernehmen.

Auf dieser kaleidoskopartig angelegten, aus unterschiedlichen Perspektiven bestehenden historisch-begrifflichen Basis findet dann eine konkrete Verdeutlichung anhand einer empirisch-vergleichenden Darstellung von drei Fallbeispielen statt (Kap. 4). Die hier ausgewählten *Fußballwelten* illustrieren jeweils lokal spezifische Ausprägungen in ihren Antworten auf globale Fragen und Anstöße, die inhaltlich in einigen Aspekten übereinstimmen und in anderen divergieren. Vor dem Hintergrund ihrer weitreichenden sozialen Aktivitäten über eine Kernaktivität ‚Fußball spielen' hinaus werden sie als gesellschaftlich besonders relevant angesehen. Im Sinne der engeren Fragestellung weisen alle drei Fälle symbolisch bedeutsame Ansätze zur Veränderung auf, mit je eigenen Praktiken und Begründungen, die im Zentrum der jeweiligen lokalen Wandlungsprozesse stehen:

Am Beispiel zweier Fußballvereine aus England und Deutschland – der *Malvern Town FC* und der *BSV Bielstein* – wird im Rahmen eines internationalen Vergleichs diskutiert, wie der Bereich des so genannten *Amateurfußballs* durch Beziehungen des Lokalen und Globalen, sowie von Elementen aus Amateursport und Professionalismus durchzogen ist. Die Analyse ist insbesondere durch die Konzepte Krise, Wandel und soziales Unternehmertum geleitet. Hier ist insbesondere der Aus- bzw. Neubau der eigenen Sportanlage zu nennen, die im Zentrum der jeweiligen lokalen Wandlungsprozesse stehen (‚Kunstrasenprojekte'). Der internationale Vergleich lässt auf Transformationsprozesse mit bestimmten Legitimierungsstrategien im Rahmen von Krise schließen. Die jeweilige Neubewertung der Sportanlage und damit des Gesamtvereins kann insgesamt betrachtet werden als Beispiel eines *symbolischen Aktivismus*, verbunden mit Ansätzen sozialen Unternehmertums. Im Zentrum steht die Frage nach der praktischen Konstruktion von Wirklichkeit in deutschen und englischen sozialen Welten des Fußballs unter Berücksichtigung von Imaginationen, Selbstbeschreibungen, subjektiven Situationsdeutungen und potenziell abweichenden Kulturkonzepten.

Der *Westerwälder Keramik-Cup* als Fußballturnier – und damit klassisches Event in der Welt des Fußballs – für U17-Mannschaften verstand[9] sich explizit als ‚Schaufenster für die Stars von morgen' und machte auf seiner Webseite stolz auf diejenigen Spieler aufmerksam, die den Weg ins Profigeschäft geschafft haben (‚Legenden'). Der Keramik-Cup bezog sich dabei zum einen stark auf Versatzstücke des globalen Profifußballs (Kommerzialisierung, Professionalisierung, Inszenierung[10]), und verwies durch die internationale Besetzung auf eine kosmopolitische Ästhetik, die wiederum die *lokale Prestigeökonomie* im Kontext des Turniers prägte. Gleichzeitig vertrat er als lokal eingetragener Jugend-Förderverein vermeintlich sowohl entsprechende gemeinnützige Interessen als auch vor allem die Interessen lokaler Sponsoren in der Region. Mit diesem Beispiel lassen sich Perspektiven auf Formen der Konstruktion von (Trans)Lokalität im Rahmen von Fußballveranstaltungen in den Blick nehmen und analysieren.

In dem dritten Fallbeispiel der Zusammenarbeit zwischen dem Nachwuchsleistungszentrum eines Bundesligavereins (FSV Mainz 05) und einer Partnerschule wird deutlich, dass Letztere die Ausbildung junger Spieler zum Profi überhaupt erst ermöglicht. Der analytische Fokus bezieht sich hier auf die Art und Weise, in der der quasi-professionelle Jugendfußball und das deutsche Bildungssystem in Form der Schulen seit einigen Jahren miteinander kooperieren, und zwar in einem wirkmächtigen Kontext von Optimierung und Anpassung. Besondere Bedeutung wird dabei der Initiierung von Professionalisierungsprozessen im Kinder- und Jugendfußball im Zusammenhang mit einer wahrgenommenen Krise des deutschen Fußballs seit Ende des 20. Jahrhunderts beigemessen.

Eine zusammenfassende, vergleichende Betrachtung der Fälle erfolgt in Kap. 5; das Fazit resümiert dann abschließend die wichtigsten Erkenntnisse im Hinblick auf die aufgeworfenen Fragestellungen.

---

[9] Das Turnier existiert seit 2022 nicht mehr, es hat die *Corona-Krise* ‚nicht überlebt' und wurde nach nunmehr vierzig Jahren eingestellt. Das Ziel ‚Zukunft sichern' konnte hier also nicht verwirklicht werden.

[10] „*Inszenierungen* (Herv. i. Original, K.N.) sind heute weniger denn je auf ihren klassischen Ort, das Theater, begrenzt, sondern sind eine Art von Praxis, die in zunehmender Zahl und Vielfalt auf allen sozialen Feldern vorkommt (…). Man kann die verschiedenen Inszenierungsvarianten jenseits des Theaters aber im Sinne eines kleinsten gemeinsamen Nenners grundsätzlich analog zum Modell des auf einer Theaterbühne eine fiktionale Realität ‚In-Szene-Setzen' definieren." (Willems 2012, S. 330) Sie beinhalten dabei Elemente wie Auswahl, Organisation und dem Strukturieren von Ausdrucksmitteln zur Herstellung von Publikumswirksamkeit (ebd.).

Zur Analyse glokaler Fußballwelten 2

Während für den professionellen Fußball in öffentlichen Diskursen eine *Globalitätsannahme* häufig nahezu unhinterfragt gilt, wird hinter dem Amateurfußball grundsätzlich eher *das Lokale* vermutet. Hier wird nun argumentiert, dass diese Einschätzungen eher als idealtypisch zu bewerten sind. Die vertretene Ausgangsthese lautet daher folglich, dass in der Welt des nicht-professionellen Fußballsports die Orientierung an und die Auseinandersetzung mit dem professionellen Fußball ein wichtiger Antrieb von fortlaufender (lokaler) Selbstkonstruktion und -verortung ist. Entsprechend bestehen in der Praxis Mischverhältnisse, die sich in ständigen *Re*konfigurationsprozessen befinden, aus denen eigene Dynamiken entstehen. Sie weisen zum Teil hochinteressante Tendenzen und Muster auf, die hinsichtlich der Frage nach Anpassungs- und Vermittlungsprozessen in sich glokalisierenden Gesellschaften weit über den empirisch fokussierten Bereich hinaus Aussagekraft besitzen. Damit besteht auch ein Anschluss an die mittlerweile klassische Annahme, dass gesellschaftliche Ansprüche in verschiedenen sozialen Teilbereichen, wie etwa dem Fußball, zunehmend verinnerlicht und kreativ umgesetzt werden.

Zur Verdeutlichung werden Beispiele vornehmlich aus *Vereins*kontexten herangezogen, anhand derer Antworten auf als solche wahrgenommene globale Fragen und Anstöße illustriert werden, mit je spezifischen lokalen und globalen Anteilen und ihren Dynamiken. Auf Deutungen von Wandel und Anpassung ausgelegte Praktiken mit entsprechenden diskursiven Bearbeitungen zeigen sich beispielsweise in Ansätzen zur *Selbst-Veränderung* über den Aus- oder Neubau der eigenen Sportanlage mit je eigenen Praktiken und Begründungen oder der Entwicklung von Turnieren als Events, sowie in weiteren Bereichen, wie Ausbildungskonzepten, sportlichen Zielsetzungen oder Verbindungen zu Bildungsorganisationen, die im Zentrum der jeweiligen Anpassungskonzepte und

K. Naglo, *In Fußballwelten*, Erlebniswelten,
https://doi.org/10.1007/978-3-658-31553-5_2

Wandlungsprozesse der hier ausgewählten Vereinskontexte stehen. Die Ergebnisse dieser Gedanken sollen eine Art Blaupause zur vergleichenden Bewertung des Verhältnisses des Lokalen zum Globalen, des Amateurhaften zum Professionellen bereitstellen. Konkret soll in dem vorliegenden Buch also der Zwischenraum zwischen dem Globalen und dem Lokalen anhand eines Vergleichs ausgelotet werden, um empirisch konkret Argumente für die jeweiligen Annahmen zu finden, ihr Verhältnis in Beziehung zu setzen und sowohl empirisch greifbar als auch theoretisierbar zu machen. Das diesem Abgleich zugrunde liegende Interesse gilt insbesondere den Grauzonen, in denen sich das Lokale und das Globale eigensinnig mischen und besondere Dynamiken herausbilden, die einseitige Kategorisierungen fraglich machen, also diskursiven und praktischen *Ausprägungen des Glokalen* im engeren Sinne. Ziel ist es schließlich, einen Beitrag zur Weiterentwicklung von Gegenwartsdiagnosen zu leisten. Wie wird im Lokalen (hier: des Fußballs) Globalität praktisch und diskursiv hergestellt?

Forschungsfragen und Theoriedesiderate

Das Kunstrasenprojekt zweier Amateurfußballvereine im deutsch-englischen Vergleich, ein Fußballturnier als Event und der Jugendbereich eines Profivereins stellen hier Beispiele, anhand derer der – oft ambivalente – Umgang mit wahrgenommenem Globalisierungsdruck in gesellschaftlichen Teilbereichen sowie die Legitimierung daraus folgender Maßnahmen gezeigt werden soll. Im Zentrum stehen die Begriffe *Krise*, *Event* und *Optimierung*, ihre Interpretationen und daraus folgende praxis- und diskursrelevante Konsequenzen. Mitverhandelt wird immer auch die Dialektik zwischen *Spaß* und *Leistung*: Denn da gesellschaftliche Ansprüche in verschiedenen sozialen Teilbereichen, wie eben beispielsweise dem Fußball, zunehmend verinnerlicht und kreativ realisiert werden (z. B. Elias und Dunning 1984; Bromberger 1998; Willems 2012), gilt umgekehrt, dass Entwicklungen in solchen Teilbereichen Aussagekraft über ihren unmittelbaren, empirisch eng gesetzten Rahmen besitzen und ein Licht auf allgemeingesellschaftlich relevante Aspekte werfen können.

Die hier als Fokus gewählten Vereine bzw. Vereinskontexte und Events bewegen sich in einem Spannungsfeld von Globalisierung und ihrer Wahrnehmung, Professionalisierungszwang und Leistungsorientierung einerseits, sowie Lokalität und ihren je charakteristischen Formen, Inklusionsbestreben und Freizeit- und Bildungsorientierung andererseits. Sie werden auf der Grundlage ihrer Wahrnehmungen und Interpretationen aktiv, um diesen widersprüchlichen Anforderungen und Ansprüchen kreativ zu begegnen. Ihr charakteristisch ausgesprochenes Ziel ist es, auf sehr unterschiedliche Arten und Weisen ‚Zukunft zu sichern', und dieser Weg wird typisch über unterschiedliche Aktivitäten begangen und legitimiert, gerade auch in der Auseinandersetzung mit dem professionellen Fußballsport im Sinne eines Antriebs zur Neufigurierung. Hier sollen nun charakteristische Muster der entsprechenden Aktivitäten und Prozesse herausgearbeitet, systematisch rekonstruiert und als Repertoire von *Re*formierungen im Bereich des nicht-professionellen Fußballsports offengelegt werden.

Unter Bezugnahme auf Glokalisierung wird dazu davon ausgegangen, dass auf der Ebene von lokalen Vereinskontexten ähnliche, zu Imaginären verdichtete Wahrnehmungen zirkulieren, die auf einer grundlegenden Orientierung am global-professionellen Fußball basieren. Im Spannungsfeld zwischen einem empfundenen Anpassungsdruck an das – unumgänglich ebenfalls bereits lokal kontextualisierte und entsprechend interpretierte – Global-Professionelle einerseits, sowie an spezifische, konkrete lokale Bedingungen verschiedenster Art andererseits, lässt sich als Muster häufig ein Bemühen erkennen, je etwas ‚Eigenes' zu schaffen (*signature projects*), das die verschiedenen Bezugsebenen in einer spezifischen *glokalen* Variante zusammenführt. Dazu gehört auch die in der Forschung bereits thematisierte Beobachtung, dass das zunehmende Eintreten von Akteuren aus dem nicht-professionellen Bereich in die kulturelle Zirkulationssphäre des Profifußballs diesem zugleich hilft, das sie umgebende Soziale bzw. Lokale neu zu bestimmen und stärker zu konturieren (vgl. Naglo 2018a). Dabei kommt es typisch zur Entwicklung von konkreten ökonomischen, sportlichen und sozialen Plänen und Strategien, die im typischen Optimierungsdiskurs auch entsprechend gerahmt werden (‚Mithalten', ‚Anpassen', ‚Verbessern'). Die daraus konkret folgenden Prozesse der Neuverortung werden getragen von als positiv definierten, symbolischen Aktivitäten im Rahmen der Vereine. In der Praxis werden entsprechende Wahrnehmungen sowie daraus folgende Maßnahmen und Prozesse von Anpassungen dann häufig über Kriseninterpretationen verstärkt. Die sich in diesen Projekten und ihren Prozessen zeigenden Ähnlichkeiten und Unterschiede sollen hier im Hinblick auf kultur-, wissens- und sportsoziologischer Perspektive herausgearbeitet werden. Dabei wird der Begriff ‚Strategie' relativ offen verstanden, mit unterschiedlichen Graden an Reflexion: sowohl explizit diskutierte Zukunftspläne als auch wenig oder nicht reflektierte Formate oder entsprechend ausgerichtete Events verschiedener Art.

Besonders augenfällig zeigen sich die Herausforderungen, die der nicht-professionelle Fußballsport zu bewältigen hat, am gesamtgesellschaftlich ausgesprochen relevanten Spannungsverhältnis von Effizienz und Druck (Fortschritt, ‚Anschluss nicht verlieren', Imitation) auf der einen Seite, und andererseits der Vorgabe – unter kontrollierten Bedingungen! –, ‚Spaß' zu haben, und zwar in der lokalen Gemeinschaft. Das im nicht-professionellen Fußballsport und im (elitären) Jugendfußball propagierte und für seine Legitimation entscheidende Spaß- und

Gemeinschaftserleben ist im Fußball also in allen (Alters-)Bereichen an Leistung gebunden – und so eben auch im nicht-professionellen Bereich (vgl. Beichelt 2018; Krossa und Naglo 2019; Bretschneider 2008; Müller 2009). In diesem Sinne ist Spaßempfinden gewissermaßen selbst eine *Leistung*, d. h. streng kontextual reglementiert, obwohl Leistung in der Regel Aspekte zugeschrieben bekommt, die eher in Gegensatz zu Spaß und auch dem entsprechenden Gemeinschaftserleben gebracht werden, charakterisiert beispielsweise als Disziplin, Konzentration und Selbstbeherrschung.[1] Mit dieser Perspektive von diskursiven und praktischen Interpretationen im nicht-professionellen Vereinsfußball auch im internationalen Vergleich, schließen sich die folgenden Leitfragen für die empirische Forschung an:

- Welche Vorstellungen des Globalen sowie des Lokalen, des Professionellen und des Amateurhaften lassen sich bei den beteiligten Akteuren in den unterschiedlichen Kontexten nachvollziehen?
- Inwiefern führt dieses Spannungsfeld zur Wahrnehmung von Handlungsnotwendigkeit, insbesondere im Sinne von Anpassungsstrategien?
- Welche daraus entstehenden spezifischen diskursiven und praktischen Aktivitäten lassen sich im Vergleich identifizieren und interpretieren?
- Welche Akteure sind daran typisch und untypisch beteiligt?
- Und reflektierend auf die konzeptuell-theoretische Ebene: Inwiefern lassen sich Ansätze und Prozesse stärker dynamisch als Glokalisierungsphänomene – zwischen Homogenisierungs- und Heterogenisierungstendenzen – interpretieren? Mit welchem Mehrwert?

Wandel – und die interpretative Basis des Fußballs

Für die soziale Welt des Fußballs insgesamt lässt sich zunächst von einer Veränderung der ‚interpretativen Basis' seit den 1990er-Jahren unter einem zunehmenden Modernisierungsdruck durch den professionellen Fußball bzw. dessen medialer Darstellung ausgehen. Unter ‚interpretativer Basis' werden hier diejenigen Interpretationsmuster verstanden, die sich auf die Ziele, die Praxisformen, symbolische Zirkulationen, Möglichkeiten bzw. Schwierigkeiten und Krisen sowie den potenziellen Integrationseffekt des Fußballs beziehen (vgl. beispielhaft Naglo

[1] Leistung – und vor allem individuelle Leistung – ist als *Konstruktion* bzw. als *Erfindung* zu begreifen, was ihre Bedeutung als einflussreiche Kategorie insbesondere im Sportkontext nicht weniger real macht. Aber: „Was von wem und wann als Leistung verstanden wurde, entpuppt sich (…) insgesamt als erstaunlich offen. Die Geschichte von Leistung ist die Geschichte einer Unschärfeformel, sie verweist auf Zuweisungen, Erwartungen und Erfahrungen in vielen verschiedenen Lebensbereichen, in denen verschiedene Personengruppen jeweils ganz andere Dinge als Leistung definierten" (Verheyen 2019, S. 22).

2025; Brandt und Naglo 2025; Naglo und Krossa 2024; Naglo und Porter 2020; Naglo 2020a u. b; Zifonun und Naglo 2019; Krossa und Naglo 2019; Beichelt 2018; Naglo 2018 a, b, c; von der Heyde und Kotthaus 2016; Kaube 2018; Klein und Meuser 2008). Historisch kann man diesen Wandel konkret festmachen am verstärkten Einfluss von privatem und Bezahlfernsehen schon in den späten 1980er-Jahren und der zunehmenden Bedeutung von sogenannten Expertinnen und Experten, der Einführung der Premier und Champions League sowie *on the field* der globalen Einführung der ‚Rückpassregel' zur Attraktivitätssteigerung des Spiels oder des ‚Video Assistant Referee (VAR)' zur Unterstützung der Schiedsrichter und Schiedsrichterinnen bei schwer zu bewertenden Situationen, die alle mehr oder weniger in die Welt des nicht-professionellen Fußballsports ausgreifen, dort wahrgenommen und lokal auf unterschiedliche Arten und Weisen (diskursiv) bearbeitet werden. Fußball wird im hier relevanten Glokalisierungparadigma also verstanden als Teil einer sich *glokalisierenden Welt* (vgl. Robertson 1992; Giulianotti und Robertson 2009; Krossa 2013), in der lokale Akteure globale Prozesse und Phänomene so interpretieren, dass diese ihren partikularen Bedürfnissen entsprechen. Maßgebliche Arbeiten zum Thema (vor allem von Giulianotti und Robertson) lassen allerdings die Ebene unterhalb des globalen und nationalen Profifußballs unberücksichtigt. Sie fokussieren dagegen beispielsweise vornehmlich Aspekte und Konzepte auf Makroebene wie Geschichte, Kultur, Kosmopolitismus, Amerikanisierung, Ökonomie, Politik und Transnationalismus im Zusammenhang mit dem, was sie als *glokalen* professionellen Fußball entwickelten (vgl. Giulianotti und Robertson 2007, 2009). In ihren Konzeptualisierungen und zahlreichen Beispielen ist Lokalität jedoch vor allem ein auf der Oberfläche des Symbolischen verbleibender Repräsentant des Nationalen – und insbesondere fehlt der praktische Bezug zum Lokalen. Daraus entsteht ein bereits vor Jahren konstatiertes Desiderat der bestehenden Forschung zu Glokalisierung und Fußball.[2] Dies ist im Bereich ‚lokaler Fußball' als genuinem Forschungsgegenstand an sich von großem Interesse. Die Relevanz in konzeptuellem Sinne nimmt noch einmal zu, wenn man berücksichtigt, dass das Konzept Glokalisierung ja bereits in seiner Terminologie existenziell auf das Lokale verweist.

Der organisierte, sehr populäre Amateurfußball bietet dabei als Bindeglied zwischen dem Globalen und dem Lokalen sowie als Einflussbereich des professionellen Fußballs, so die Ausgangsthese der Analyse, besonders viel Forschungspotenzial. Empirische Studien zum nicht-professionellen Fußballsport widmen sich häufig Fragen zur Funktion des Sports für die Gesellschaft (Integration, Inklu-

[2] Diese Einschätzung bestätigte Roland Robertson mir gegenüber in einem persönlichen Gespräch.

sion) (vgl. Naglo et al. 2020, S. 12 ff.), zeigen darüber hinaus jedoch kaum Interesse an den Eigenstrukturen und -dynamiken der *sozialen Welten*. Auch wird der Bereich – trotz seiner gesellschaftlichen Zentralität – bislang nicht als Fokus herangezogen, um allgemein gesellschaftlich relevante Entwicklungen zu analysieren. Das Fehlen von Vergleichsanalysen begünstigt zudem eine unangemessen begrenzende, einseitige Überbetonung eines Eigenweltcharakters, beispielsweise mit Fokus auf Institutionalisierung und Bürokratisierung durch Vereine und Verbände, oder aber auf emotionale Gemeinschaften sowie ggf. die biografischen Besonderheiten ihrer Mitglieder. Hier liegt der Fokus daher explizit nicht auf Anschlüssen an eine Vereinssoziologie oder Sozialgeschichte der Vereine im engeren Sinne (vgl. etwa Müller-Jentsch 2008; Nathaus 2009; Tenbruck und Ruopp 1983; Eisenberg 1999); dennoch birgt die vorliegende Studie das Potenzial, auch zur Weiterentwicklung dieses Bereichs beizutragen.

Theoretische Zugänge: Glokalisierung, Imaginäre, Soziale Welten

Die zentralen theoretischen Bezugspunkte dieser Arbeit, explizit in Kombination, sind – wie bereits angedeutet – zum einen *Glokalisierung* (vgl. Beyer 2022), zum anderen kulturelle Zirkulationen und daraus hervorgehende *social imaginaries* (vgl. Langenohl 2015a) im Rahmen einer *Soziologie sozialer Welten* (vgl. Zifonun 2016).

Unter *Globalisierung* werden in der Regel historisch verschiedene soziale Prozesse, ausgehend von jeweils unterschiedlichen vormodernen Bedingungen zusammengefasst, die bereits in den geografischen Entdeckungen des 15. und 16. und darauffolgenden wirtschaftlichen und gesellschaftlichen Verflechtungen ihren Ausgang nahmen (vgl. beispielsweise Osterhammel 2011, Wallerstein 2004, Eisenstadt 2000 usw.). Im Rahmen der Gegebenheiten des 21. Jahrhunderts liegt der Fokus bei der Beschreibung des Phänomens Globalisierung häufig auf den zunehmenden Abhängigkeiten zwischen Individuen, Gruppen oder politischen Einheiten weltweit. Ein weiterer Aspekt ist die sich ausweitende Bewegung von Menschen, Waren, Bildern und Ideen vor dem Hintergrund transnationaler Zusammenhänge zwischen Staaten, Regionen, Unternehmen oder Nicht-Regierungsorganisationen. Dies führt tendenziell zunehmend zu einer Intensivierung des (subjektiven) Bewusstseins von *globaler Vernetztheit*, gemeinsamer Interessen, Geschmäcker, Werte, Ziele und potenziell gemeinsamer zukünftiger Entwicklungen. In der Regel geht es in diesen Zusammenhängen also um Vereinheitlichung in unterschiedlichen Formen. Hier beziehe ich mich nun vor allem auf Roland Robertson, der gleichsam als Gründer der kultursoziologischen Globalisierungstheorie firmiert und die oben beschriebenen Entwicklungen in der eingängigen Formel „(…) the compression of the world and the intensification of consciousness of the world as a whole" (Robertson 1992, S. 8) fasst. Er nimmt weiterführend für sich in Anspruch, Globalisierung neu zu konzeptualisieren, und zwar reflexiv im internationalen Kontext, im Gegensatz etwa zu s. E. ‚eindimensional' (westlich oder mehr ökonomisch geprägten) modernisierungstheoretischen Interpretationen (vgl. Krossa 2013, S. 43–47; Lechner 2022).

Robertsons Vorschläge sind für mich seit geraumer Zeit ein zentraler Bezugspunkt zur Analyse *Sozialer Welten des Fußballs* (Naglo und Krossa 2022; Krossa und Naglo 2019; Zifonun und Naglo 2019). Globalisierung kann demnach als Prozess charakterisiert werden, der sich durch die Ausbreitung sozialer Verbindungen (*connectivity*), wie etwa durch Migrations- und (mediale, digitale) Kommunikationsprozesse, oder generell Formen von *Globalität* auszeichnet: Menschen reflektieren die Welt, in der sie leben, zunehmend und werden sich dieser globalen Verbundenheit immer deutlicher bewusst. Globalisierung wird dann konzeptualisiert als ein Prozess gegenseitiger Beeinflussung des *Lokalen* und *Globalen* sowie des *Universalen* und des *Partikularen*, der auch als solcher zunehmend reflektiert und bearbeitet wird. In diesem Sinne kommt es beispielsweise zur ‚Universalisierung des Partikularen'[3] bzw. zur ‚Partikularisierung des Universalen'.[4] Robertson bezeichnet diese Kontexte insgesamt auch als *duality of glocality*. Auf diese Weise behauptet er die Entstehung einer *globalen Kultur* in einem komplexen *global field*, die zwar nicht zwingend normativ bindend sei, aber als Ganze eben existiert und sich durch Varietätenreichtum auszeichnet, wobei dem Konzept der *relativization*[5] sowie dem Begriffsdualismus *homogenization-heterogenization* jeweils herausragende Rollen zukommen. Seine *voluntaristische* Theorie bezeichnet entsprechend komplexe und offene oder flexible Prozesse, die durch Praktiken und Interpretationen geprägt sind und daher einem allgemeinen und klar festgelegten

---

[3] Bezogen auf den Fußball: „Major international football tournaments provide lively cultural arenas for the (re)production and interplay of national-societal particularities. Different national supporter groups converge and commingle, displaying their particularistic dresses, songs, and patterns of social behavior" (Giulianotti und Robertson 2009, S. 32).

[4] „[…] the 'particularization of universalism' involves the growing 'concreteness' of the world in socio-political or 'global-human' terms. […] In football, the particularization of universalism features the engagement of all institutions and actors within a pyramidal world system. FIFA (and the IFAB) sits at the apex, followed by the continental governing bodies, then national associations, regional and local associations, the various football clubs, and fans at the base, who literally 'support' the entire edifice" (Giulianotti und Robertson 2009, S. 32 f.).

[5] „[] any 'national' football culture will acquire particular coherence, as a relativized entity, from interrelationships between international citizens, the international football system, and themes of shared (or variegated) humanity" (Giulianotti und Robertson 2009, S. 36).

Verständnis von *Moderne* widersprechen (Dürrschmidt 2006, S. 521; vgl. auch Beyer 2022).

Das Forschungsinteresse richtet sich in diesem Buch nun in erster Linie auf den Einfluss des Globalen auf das Lokale, in dem als global verstandene Impulse gleichsam ‚nach unten' vermittelt werden und als glokale praktische und diskursive Formen *emergieren.* Das schlägt sich potenziell sowohl als Homogenisierung als auch als Heterogenisierung nieder. So organisieren nationale Systeme den Fußball beispielsweise nach (global) standardisierten Prinzipien, jedoch interpretieren sie das Spiel jeweils unterschiedlich (vgl. Giulianotti und Robertson 2009, S. 62) – was auf der Grundlage des hier vorliegenden Ansatzes für die lokale Ebene noch spezifischer und detaillierter gezeigt werden soll. Ein Beispiel aus dem deutschen System ist etwa das *Image* des FC Bayern München, welches die ökonomische Einbindung der Vereinsmarke in den Weltmarkt bei gleichzeitiger auch sprachlicher Betonung des Lokalkolorits beinhaltet (*Mia san mia*, *Finale dahoam* usw.). In England wird wiederum, in regelmäßigen Abständen – beispielsweise, wenn englische Teams in europäischen Wettbewerben (Champions League, Europa League) schlechter als erwartet abschneiden –, die Frage nach dem Mehrwert einer *Winterpause* diskutiert, die es in als Konkurrenz wahrgenommenen europäischen Ligen bereits gibt (bspw. in Deutschland), während der Terminkalender der Spielansetzungen der *Premier League* zwischen Weihnachten (*Boxing Day-Matches*) und Silvester traditionell besonders voll ist. Als Hauptargument wird in dieser Hinsicht seltener das grundsätzliche Fehlen einer Pause als Nachteil im Sinne einer verstärkten Beanspruchung der Spieler angeführt (Belastungssteuerung!), sondern vielmehr die (mediale) Charakterisierung der Spielweise in der englischen *Premier League* als deutlich intensiver im Vergleich zu den anderen Top-Ligen Europas betont.[6] Ein weiteres bemerkenswertes Beispiel verkörperte die einzige McDonald's Filiale weltweit, die nicht in den Farben rot und gelb gehalten war: Im alten Fußballstadion *İnönü Stadı* von *Beşiktas Istanbul* bekam die Vertretung der Fast-Food-Kette einen schwarz-weißen Anstrich verordnet, da die Vereinsfarben des Lokalrivalen *Galatasary* ebenfalls rot und gelb sind, wodurch sich Anhänger der Heimmannschaft offenbar provoziert fühlten und die Zweigstelle der Burger-Kette regelmäßig beschädigten. Als letztes Beispiel sei hier auf den ökonomischen Einfluss Asiens auf das globale Spiel hingewiesen: Golfstaaten wie Katar, Saudi Arabien oder die Vereinigten Arabischen Emirate haben große Summen investiert, um Partnerschaften mit bedeutenden europäischen Vereinen (z. B. FC Barcelona, Manchester City, Paris-Saint Germain) herzustellen und als Veranstaltungsort für

[6] Siehe z. B. http://www.theguardian.com/football/blog/2015/mar/15/winter-break-premier-league-champions-europa, Zugriff, 20.7.2025.

Großereignisse aufzutreten, gleichsam zu verstehen als glokales *state-* bzw. *city-branding* im Sinne eines *sports-washing*[7] (vgl. Giulianotti und Robertson 2012).

Davon, dass der Profifußball als offensichtlicher Teil der Kulturindustrie (Horkheimer und Adorno 2003) – im Sinne der klassischen kulturtheoretischen These – vor allem Homogenität produziere, kann also keine Rede sein (vgl. Porter 2012; Nathaus 2012; Krossa und Naglo 2019). Vielmehr existiert eine Vielzahl von Interdependenzen und unterschiedlichen gegenseitigen Beeinflussungen der globalen, nationalen und lokalen Ebene. Diese ziehen wiederum übergreifende Praktiken nach sich, die unterschiedliche Sinnbezüge und Wissensdimensionen enthalten, aufgreifen und teilweise neu miteinander verbinden bzw. neue Emergenzen nahelegen (vgl. Appadurai 1996). Entsprechend gilt es, „aufzuzeigen, wie kultureller Sinn, wie dieses kulturelle Wissen und Denken im gemeinsamen Handeln tatsächlich praktiziert wird" (Hörning und Reuter 2004, S. 13; vgl. auch Bourdieu 1987).

Insbesondere für die Fußballwelt lässt sich m. E. nun gut darstellen, dass als möglicherweise nicht bewusst intendierte Folge dieser Praktiken auf der lokalen Ebene (gemischte) Vorstellungen des Lokalen, Nationalen und Globalen entstehen, die nicht explizit auf diese Bedeutung hin ‚diskursiv konstruiert' werden (Langenohl 2010, S. 51), aber durchaus prägende Wirkungen haben können. Folglich findet über Fußball offenkundig auch der Transport nicht-sportlicher Inhalte statt. Diese Konstruktion von Sinn und kulturellem Zusammenhang ist eingebettet in eine Vielzahl kollektiver Interpretationsmuster und bezieht sich auf eine große Bandbreite sozialer Praktiken (vgl. Schmidt 2012). Der nicht-professionelle Fußball wiederum scheint in besonderem Maße geeignet zu sein, Bezüge auf kulturelle Versatzstücke oder Vorstellungen des professionellen Fußballs und deren Einverleiben zu realisieren – mit sowohl sportlichen als auch nicht-sportlichen Referenzen. Trotz der sich auf allen Ebenen des nicht-professionellen Fußballs diskursiv manifestierenden Aneignungen ‚professioneller' Maßstäbe, zeigt sich auf den Ebenen der Praktiken und der konzeptuellen Rahmung, dass es sich um spezifische Interpretationen des Professionellen und des Globalen handelt und nicht um deren einfache Imitation (vgl. Zifonun und Naglo 2019).

[7] „Jennifer Lopez für die Eröffnungsfeier, Shakira für die Schlusszeremonie. Man kann den Organisator:innen der U17-Fußballweltmeisterschaft der Frauen 2012 nicht vorwerfen, den Jugendlichen nicht die größtmögliche Bühne für ihr Turnier geboten zu haben (…) Dass aber ausgerechnet Aserbaidschan eine derart kostspielige Veranstaltung organisierte, könnte einen schon überraschen. Allerdings nur, wenn man nicht weiß, dass gerade Aserbaidschan zu jenen Staaten gehört, die sich seit Jahren mit sogenanntem Sportswashing hervortun. Angelehnt an die bekannteren Phänomene des Green- oder Pinkwashings geht es beim Sportswashing darum, mit der Ausrichtung von Großevents und dem Sponsoring von Vereinen und Sportler:innen sein Image aufzupolieren" (Sommavilla 2022, S. 34 f.).

Kulturelle Phänomene wie der organisierte Fußball unterliegen also Wahrnehmungen, Interpretationen und Bedeutungszuschreibungen, basierend auf *Austausch* und *Zirkulationen* in einem gemeinsamen Raum, der häufig als ‚Markt' interpretiert wird. In diesem versuchen Individuen, ihrer jeweiligen Lebenswelt Sinn zu verleihen (Pyta 2006; Naglo und Waine 2011; Zifonun 2014; Redhead 2015). Ein dafür bedeutsames und hier relevantes sozialtheoretisches Konzept ist das der *social imaginaries* (vgl. Taylor 2004; Anderson 1991; Lee und LiPuma 2002a; Harris 2014; Vandevoordt et al. 2018), „demzufolge viele Praktiken der modernen Gesellschaft in ihrem Sinngehalt auf die Unterstellung abstrakter Gemeinschaftlichkeit angewiesen sind, zugleich aber in ihrem Vollzug diese Gemeinschaftlichkeit zuallererst hervorbringen, was ein Beleg für die Wirkmächtigkeit abstrakter Gesellschaftsvorstellungen ist" (Langenohl 2015b, S. 116). Diese *imaginaries* können also als implizites Hintergrundwissen verstanden werden, welche gemeinschaftliche Praktiken erst möglich machen und letztlich mit Legitimität ausstatten (Steger 2012, 1870).[8] Entsprechende Praktiken können dann beispielsweise als *agonistische*, ritualisierte körperliche Fähigkeiten, wie Appadurai sie für den indischen Fall am Beispiel des ‚Cricket' herausarbeitet (Appadurai 1996, S. 89–113), bedeutsame Bestandteile im Kontext der Herstellung und Erhaltung gegenwärtiger *imagined communities* darstellen (vgl. Anderson 1991; Lee und Lipuma 2002b) und auf Prozesse der Vergemeinschaftung Einfluss nehmen. Im gegenwärtigen Fußball der Männer zeigt sich beispielsweise, wie Praktiken im Rahmen des *Schönheitshandelns* (vgl. Degele 2004) – modische Kleidung und Accessoires, Frisuren oder Tattoos – neue Spielertypen repräsentieren: Professionelle Spieler sind heutzutage nicht mehr nur als Athleten zu verstehen, sondern auch als öffentlich-medial agierende Prominente, die die Kommodifizierung eines *Sport-Charisma* durch Vermarktung anzeigen, wodurch „sport moves away from the impersonality of athletic strengths (…), and towards the commodified personalization of sporting performance" (Giulianotti 2005, S. 118). Beispiele für diese Muster finden sich auch im zunehmend ekstatischen Torjubel (Turner 2014), der Professionalisierung der (Eigen)Vermarktung (*Social Media*) mit allen sozialen Konsequenzen oder dem öffentlichen Eingeständnis persönlich-privater Krisen von Spielern und Spielerinnen. Diese Entwicklungen beschreiben ein *post-modernes* Spiel (oder *post-post*, jedenfalls stattfindend in einem extrem beschleunigten sozialen Kontext), das vornehmlich durch die Medien geformt wird (vgl. Redhead 2015). Auf

[8] Charles Taylor hat wesentlich dazu beigetragen, das Konzept weiterzuentwickeln: „For Charles Taylor, the imaginary is therefore an 'understanding' that is recursively implied in social practices, in that it lends them meaning and significance, while the conduct of practices in turn makes the imaginary become 'true'" (Langenohl 2015a, S. 183).

diese Weise helfen die Massenmedien, sich eine große Anzahl anderer Menschen vorzustellen, die die gleichen kulturellen Praktiken mit ähnlichen Vorstellungen ausführen, was wiederum hilft, die Vorstellung neuer *imagined communities* hervorzubringen oder bereits bestehende zumindest vorübergehend zu reproduzieren. Der Verweis auf *kulturelle Zirkulationen* und *social imaginaries* stellt, in enger Verbindung mit dem Glokalisierungsansatz, die theoretische Basis für die hier skizzierte Studie dar. Eine solche Kombination eröffnet eine Perspektive auf die Art und Weise, in der Konstruktionen von *lokalen Fußballwelten* mittlerweile mit – die lokale Ebene weit hinter sich lassenden – *globalen Fußball-Imaginären* arbeiten: Lokale Vereine und deren Mitglieder sind einerseits in die Emergenz einer Vorstellung des großen, d. h. professionell-internationalen und glamourösen Fußballs einbezogen, bleiben andererseits jedoch auf lokal spezifische materiale Infrastrukturen, Gemeinschaften, Selbstverständnisse und Praktiken verwiesen. Diese beiden Bezüge müssen nicht als einander ausschließend betrachtet werden, wie im Einzelnen gezeigt werden soll, sondern bilden hochinteressante Formen und Dynamiken aus. Die Frage nach der Herstellung von vorgestellter Globalität im Lokalen sowie die Emergenz faktischer *Glokalität* wird im Rahmen der Analyse entsprechend zentral gestellt. Diese Aspekte sollen empirisch vergleichend an Beispielen *Sozialer Welten des Fußballs* im Glokalisierungskontext diskutiert werden.

Das Konzept der *Sozialen Welt* wurde in der Folge des *Symbolischen Interaktionismus*[9] entwickelt und erscheint besonders geeignet, die „Dynamik von sozialen Prozessen zu erfassen und gleichzeitig den Bezug zwischen sozialen und sprachlichen Strukturen und Bedeutungen herzustellen" (Keim 2007, S. 75). Soziale Welten sind in diesem Sinne institutionalisierte Interaktionszusammenhänge, an denen Individuen regelmäßig bzw. routinemäßig teilnehmen. Die soziale Welt des Fußballsports ist demnach eine *Teilzeit-Welt*, die über ihren eigenen Wissensvorrat sowie über eigenweltliche Muster und Praktiken sozialer Beziehungen verfügt, die fortlaufend *re-aktiviert*, angepasst und legitimiert werden (müssen). Wie für soziale Welten charakteristisch, enthält auch diejenige des Fußballsports spezifische Muster und Praktiken sozialer Beziehungen. Diese sind in der Regel um die Ausübung einer *Kernaktivität* angeordnet (vgl. Strauss 1993; Luckmann

[9] „Der *Symbolische Interaktionismus* (SI) nutzt (George Herbert, K.N.) Meads Arbeiten zur Ausarbeitung einer allgemeinen soziologischen Theorie der Interaktion und der interaktiven Verkettung von Deutungs- und Handlungszusammenhängen, in der weiterhin sowohl das Handlungsmodell des philosophischen Pragmatismus wie auch die Forschungstradition der *Chicago School of Sociology* eine wichtige Rolle spielen (…). Der Symbolische Interaktionismus interessiert sich dafür, wie Individuen in Interaktionsprozessen und durch Symbolgebrauch ihre Annahmen über die Wirklichkeit bzw. allgemeiner: die symbolische Ordnung ihrer Welt erzeugen, stabilisieren und verändern" (Keller 2012, S. 108 f.).

1978) und zergliedert in weitere Teilwelten mit je eigenen Interpretationen, Selbstdeutungen und Umsetzungsweisen der eigenweltlichen Aktivitäten. „Sozialweltliche Interaktion nimmt also ihren Ausgang von der Ausrichtung der Akteure auf die Durchführung einer oder mehrerer gemeinsam verrichteter Handlungen. Die Strukturierung der sozialen Welt folgt dann ausgehend von (…) Ordnungsbildungsprozessen, die sich um diese Kernaktivität(en) schließen“ (Zifonun 2016, S. 27). In diesem Kontext können dann auch Kreuzungen der sozialen Welten in Frage mit benachbarten Welten, Segmentierungsprozesse in Teilwelten und die Legitimierung dieser Welten verhandelt werden. Soziale Welten zeichnen sich demnach durch geteilte Wissensbestände, Routinen und Interaktionen aus, die in einem Einverständnis münden, was in diesen Welten als normal gilt.

Angrenzende soziale Welten können *Arenen* der Konfliktaustragung ausbilden. Dann werden die oben genannten Aspekte angezweifelt und existenzielle Fragen wie ‚Wer sind wir?‘ und ‚Was ist normal?‘ neu verhandelt. Solche Konflikte verweisen auf Sinnkonstitution bzw. auf Integrations- und Legitimierungsversuche (vgl. Strauss 1993, S. 225 f.). In Fußballwelten sind Arenaprozesse von besonderem Interesse, in denen Elemente der Professionalität und des Amateurismus sowie von Globalität und Lokalität und weitere unterschiedliche Relevanzsysteme aufeinandertreffen und so je eigene, jedoch immer wieder auch ähnliche Formen ausbilden. Typisch sind Fußballwelten Orte, an dem sich Anpassungs- und Optimierungsbestrebungen als Tendenzen manifestieren. Dabei treten häufig Interpretations- und Übersetzungsprobleme auf, die wiederum den ambivalenten und zum Teil paradoxen Charakter der Fußballwelt zu Tage treten lassen (vgl. Zifonun 2016; Degele 2013; Müller 2008), durchaus im Sinne eines Beispiels allgemeiner gesellschaftlicher Prozesse von ‚Anpassung‘. Akteure dieser Welten werden dann auf der Grundlage ihrer Wahrnehmungen und Interpretationen aktiv, um diesen widersprüchlichen Anforderungen und Ansprüchen kreativ zu begegnen (vgl. beispielsweise Ziesche 2020, S. 137 f.), gerade auch in der ständigen Auseinandersetzung mit dem professionellen Fußballsport im Sinne eines Antriebs zur Neufigurierung. Hier sollen nun charakteristische Muster der entsprechenden Aktivitäten und Prozesse herausgearbeitet, systematisch rekonstruiert und als Repertoire von *Reformierungen* im Bereich des nicht-professionellen Fußballsports und angrenzender Bereiche offengelegt werden.

Methodische und methodologische Aspekte

Ziel der Betrachtung der verschiedenen Fälle ist es, nicht nur Einzelphänomene zu dokumentieren, sondern darüber hinaus nach Mustern, Ähnlichkeiten und Differenzen suchen zu können, die die Basis für grundlegende analytische Aussagen und entsprechende konzeptuelle Weiterentwicklungen im Kontext des *gloka-*

len Fußballs darstellen. Die Herangehensweise über Fallanalysen und punktuellem Vergleich ein soziales Handlungsrepertoire zu rekonstruieren ist grundsätzlich im Rahmen *sozialwissenschaftlicher Hermeneutik* und der Betonung von fortlaufenden gesellschaftlichen Konstruktionsprozessen in sozialen Interaktionen des Alltäglichen verortet (vgl. Zifonun 2016; Hitzler et al. 2020). In dieser Perspektive stehen sich die Frage nach der Heterogenisierung von Wissensbeständen und sozialen Welten im Globalisierungskontext sowie der Aspekt der Vergleichbarkeit von Daten aus unterschiedlichen Kontexten gegenüber. Offengelegt werden soll damit letztlich, wie Subjekte ihre (Um-)Welt, ihre sozialen Beziehungen, Ereignisse und Erfahrungen interpretieren und diesen damit Sinn verleihen, punktuell auch beispielhaft im Rahmen einer *Hermeneutik interkultureller Daten.*[10] Die Fremdperspektive wird dabei gegen die eigene gespiegelt und soziale Praktiken, Kommunikationsprozesse und Sinnhorizonte in unterschiedlichen kulturellen Zusammenhängen kontrastiv analysiert. Im Zentrum steht dabei die Frage nach der praktischen Konstruktion von Wirklichkeit in sozialen Welten des Fußballs unter Berücksichtigung von Imaginationen, Selbstbeschreibungen, subjektiven Situationsdeutungen und potenziell abweichenden Kulturkonzepten.

Sozialwissenschaftliche Sport- bzw. Fußballforschung sollte in dieser Hinsicht idealerweise einige spezifische Merkmale aufweisen: Einerseits benötigt sie Interdisziplinarität; andererseits profitiert sie m. E. bei der Bearbeitung von Fragestellungen wie der vorliegenden von ethnografischen Ansätzen und einem ‚existentiellen' Engagement des Forschenden (vgl. Naglo 2017; Hitzler und Eisewicht 2016; Zifonun 2016). Damit möchte ich mich allerdings nicht grundsätzlich von Ansätzen verabschieden, die andere Schwerpunkte setzen (vgl. Breidenstein et al. 2013). Vielmehr plädiere ich für eine Verbindung unterschiedlicher Herangehensweisen. Eine methodologische Grundannahme ist in dieser Hinsicht, dass die Fokussierung von Fußball*abläufen* in ihren verschiedenen Ausprägungen (Training, Spiele, Turniere, Festivitäten) auch die Untersuchung von Fallbeispielen im Rah-

[10] „Im Zuge der Globalisierung, zunehmender Mobilität und der dadurch bedingten kulturellen Vervielfältigung der modernen Alltagswelt muss die Annahme eines gesellschaftlich weitestgehend ‚homogenen' Wissensbestandes oder eines zumindest deckungsgleichen Wissensbestandes hinterfragt werden. Denn die soziale Wirklichkeit, in der wir leben, wird zunehmend interkulturell, d. h. sie besteht zunehmend aus vielfältigen Wissens- und Bedeutungskonstruktionen, die miteinander in vielfältiger Weise in Kontakt geraten und neue soziale Wirklichkeiten schaffen. Möchte man von daher verstehen, wie Gesellschaft auch unter Insignien weiterhin ‚möglich' ist und ‚verstehbar' bleibt, dann müssen auch andere Vermittlungs*prozesse* (Hervorh. i. Orig.) thematisiert werden (…), die zwangsläufig über das Konzept gemeinsam geteilter Wissensbestände hinausgehen und den Kitt moderner Gesellschaften ausmachen" (Roslon und Bettmann 2020, S. 408; siehe auch Burawoy 2000).

men von *short-term field visits* ermöglicht. Diese Art der Vorgehensweise lässt sich an die *fokussierte Ethnografie* im Sinne Knoblauchs anlehnen (Knoblauch 2001): Anstatt ein Feld und seine kulturellen Grenzen komplett auszuloten, werden bestimmte Fragen auf der Grundlage theoretisch abgeleiteter Konzeptualisierungen – im Gegensatz zur ‚reinen' *grounded theory*, die ja eine Abwesenheit expliziter Hypothesen zu Beginn des Forschungsprozesses postuliert (vgl. Glaser und Strauss 1967) – erörtert, welche Voraussetzungen in Bezug auf relative Bedeutungen sozialer Aspekte im Bereich des Fußballs benennen und Relevanz für die Frage der Herstellung sozialer Welten des Fußballs und deren Integration haben (vgl. Langenohl 2015a, S. 6; Wetzels 2022, S. 178). Der konkrete Zeitraum im Feld lässt sich also reduzieren, wenn die Forscherin bzw. der Forscher sich – anhand theoretisch informierter Fragen und auch zumindest vorläufiger, davon abgeleiteter Thesen – auf die Teilnahme von bestimmten Aktivitäten bzw. Veranstaltungen konzentriert und diese intensiv analysiert (vgl. Zifonun und Naglo 2019). Dadurch, so die Annahme, wird eine Rekonstruktion der subjektiven Interaktionserfahrung mit ihren Bedingungen und Konsequenzen möglich, sowie die Bestimmung der Interaktionsordnung selbst und des dazugehörenden Bedeutungs- und Wissenssystems, das die Interaktionen leitet. Das gilt insbesondere, wenn, wie in meinem Fall, bereits ein langfristiger Zugang zum Feld und entsprechendes Wissen besteht, an das in den konkreten Situationen der Ethnografie umweglos angeknüpft werden kann, indem die grundsätzliche eigene Zugehörigkeit (etwa als langjähriger Spieler, Trainer oder UEFA B-Trainerlizenzinhaber) zur Welt auch in den Augen der Untersuchten direkt aktiviert wird. Neben direkten Teilnahmen in den Vereinen wurden im Laufe der Zeit einige offene, explorative Interviews mit narrativen Elementen mit Praktikern und Praktikerinnen aus den ausgewählten Fällen und ergänzend aus weiteren Fußballamateurvereinen sowie mit verantwortlichen Personen der jeweiligen nationalen und regionalen Verbände geführt. In diesen Fällen ging es jedoch prinzipiell weniger um Datenerhebungen im eigentlichen Sinn, als vielmehr um die Frage, wer welchen Sachverhalt auf welche Weise erzählerisch darstellt,[11] vornehmlich in der Art, die Andreas Langenohl treffend als *participant listening* (2015a, S. 6) charakterisiert.[12] Hinzu tritt die Analyse von Dokumenten, die hinsichtlich des Themas

[11] Hier stimme ich prinzipiell Ronald Hitzler und Paul Eisewicht (2016, S. 37) zu: „Als wesentlich valider betrachten wir demgegenüber Daten, die daraus resultieren, dass der Feldforscher *praktisch* (Herv. i. Original) in einem sozialen Kontext mithandelt, dabei seinen konkreten Standpunkt als Teilnehmer am sozialen Geschehen mitreflektiert und (sich) Rechenschaft darüber ablegt, wie und wo er selber mit welchen erkennbaren Konsequenzen im Geflecht sozialer Beziehungen zu verorten ist."

[12] „In the course of the events that I was observing, I also had the opportunity to interview people. Methodologically speaking, these interview activities should be regarded as a kind of

besonders aussagekräftig sind. Neben den Internetauftritten sind dies beispielsweise Vereinsbroschüren, Spieltagprogramme u. ä. Ziel dieses begleitenden Arbeitsschritts war es, die bereits durch einen Prozess der ‚Offizialisierung' gegangenen schriftlichen Verlautbarungen sowohl auf ihre direkten Aussagen hinsichtlich meiner Fragestellung zu überprüfen, als auch, sie als Analyseimpulse zu nutzen und punktuell in Gesprächssituationen einzubringen.

Einschränkend ist hier noch anzuführen, dass der methodische Ansatz im Rahmen des Fallbeispiels eines Bundesligavereins und seiner Partnerschule nicht im eigentlichen Sinne als ethnografisch bezeichnet werden kann, was mit Limitierungen hinsichtlich des Feldzugangs zusammenhing (vgl. hierzu auch Beichelt 2018). In Bezug auf dieses Beispiel würde ich daher eher von einem explorativ-interpretativen Ansatz sprechen, mit Interviews und Dokumentenanalysen sowie einer Vielzahl von Gesprächen zur Rekonstruktion von Strukturen und ihren vor allem narrativen Elementen.

In einem Buch wie diesem erscheint es mir weiter sinnvoll, methodische und inhaltliche Erwägungen vertiefend vor dem Hintergrund persönlicher Erfahrungen zu reflektieren, um meine eigene Herangehensweise zu fundieren und so die ‚Standortgebundenheit' des Forschenden explizit mitzudenken (vgl. Dietrich und Süß 2023; Hitzler et al. 2020). Hierzu dient der nächste Abschnitt.

‚Small Worlds of Football' als Perspektive

Im Folgenden möchte ich also die Art der Herangehensweise und meines persönlichen Involviert-Seins skizzieren, wobei ich zwei Darstellungslinien verfolge und miteinander verknüpfe. Zu Beginn erläutere ich einige für mich wesentliche Aspekte, um meinen eigenen interdisziplinären Hintergrund zu verdeutlichen. Dies werde ich, zweitens, mit zentralen Ideen einer internationalen Forschungsgruppe verbinden, die ich gemeinsam mit meinem Kollegen Dilwyn Porter von der De Montfort University in Leicester (GB) 2015 gegründet habe und die als wesentlicher Rahmen für meine Forschungsaktivitäten zum nicht-professionellen Fußball dient.

Das Grundgerüst meiner akademischen Arbeit ist im Wesentlichen definiert durch die Erforschung von *sprachlichen* und *kulturellen* gesellschaftlichen Zusammenhängen und *Sport* aus sozial- und kulturwissenschaftlicher Perspektive, mit dem *Fußball* als Schwerpunkt. Fragen zu Kultur und Sprache habe ich in der Vergangenheit in verschiedenen Feldern bearbeitet, wie etwa der *Sprachsoziologie*

extended fieldwork or participant-observation method, as the point was not so much to conduct clean interviews in a clearly circumscribed and carefully sanitized interview situation but rather to do 'participant listening'" (Langenohl 2015a, S. 6).

und den (im angelsächsischen Kontext) so genannten *German Studies*. Diese Ansätze, die sich ursprünglich auf politische Zusammenhänge und soziale kollektive Solidaritäten im globalen Kontext fokussierten, versuche ich nun in meiner Forschungsarbeit zu Sport bzw. Fußball zu pointieren. Ein erster Schritt in dieser Richtung war ein zweisprachiger Sammelband (Waine und Naglo 2014), der davon ausging, dass Definitionen, Interpretationen und Kontextualisierungen kultureller Phänomene (wie eben der Fußball) *sprachlich kontingent* sind: Sie werden zur erinnerten Erfahrung durch die Vermittlung einer gesprochenen oder geschriebenen Sprache. Dieser Ansatz hat seine Wurzeln im signifikanten Aufschwung der Sprachsoziologie und -philosophie in der zweiten Hälfte des 20. Jahrhunderts (*linguistic turn*). Die Produktion kulturellen Wissens ist in diesem Sinn immer an spezifische Nationalsprachen gebunden sowie an bestimmte historische Erfahrungen solcher ‚Diskursgemeinschaften'. Berücksichtigt man die Arten und Weisen, wie nationale kulturelle Räume konstruiert werden, ist es wichtig, wie und in welcher Sprache Akteure über das Spiel sprechen, auch und insbesondere in vermeintlich interkulturellen Begegnungen. In dieser Perspektive werden fußballbezogene Diskurse letztlich zur Angelegenheit kulturell-sprachlicher Interpretationen, die dann gleichzeitig als Grundlage für gesellschaftskonstituierende Prozesse dienen. Dieser Ansatz als Kombination aus Sprachsoziologie und Kulturwissenschaften mit dem Sport bzw. Fußball als zentralem Gegenstand erwies sich für mich als Verbindung bzw. Eintrittstor zur sozial- und kulturwissenschaftlichen Fußballforschung. Dabei kommt der praktischen Erfahrung in meinem Fall eine nicht zu unterschätzende Bedeutung zu: So habe ich für verschiedene Teams auf verschiedenen Ebenen und in unterschiedlichen Ländern Fußball gespielt, wobei ich zusätzlich umfangreiche Erfahrungen als lizensierter Trainer von Erwachsenen- sowie Kinder- und Jugendmannschaften sowie in einer privaten ‚Fußballschule' sammeln konnte. Die wissenschaftliche Beschäftigung mit dem Fußball ist in meinem Fall also nicht nur Ausdruck eines theoretischen Interesses oder einer intellektuellen Passion dem Gegenstand gegenüber, sondern auch das Produkt direkter persönlicher und anhaltender Erfahrungen bzw. Sozialisierungen. Diese hier einfließen zu lassen ist, als ethnografisch orientierter Forscher, daher buchstäblich Teil des Spiels, oder: *part of the game*. Solche Beobachtungen und Erfahrungen erlauben es, verschiedene Fußballkontexte vergleichend zu reflektieren und Unterschiede als Variationen allgemeiner Ordnungen aufzufassen, mit ihren je spezifischen Regeln und Praktiken.

Zu einem weiteren wesentlichen Aspekt und persönlichen Einfluss auf meine Forschung hat sich die Gruppe ‚Small Worlds: Football at the Grass Roots in European and Global Perspective' entwickelt (vgl. Naglo et al. 2019a, b; Brandt, Kotthaus und Naglo 2020). Dieses relativ offene Netzwerk versammelt regelmäßig verschiedene Experten und Expertinnen aus den Bereichen Kulturgeschichte, Sozialwissenschaften und Sportwissenschaften zum Thema *football at the grassroots* und seinen vielfältigen Bedeutungszusammenhängen. Ziel der Gruppe ist es bis heute, neue Perspektiven zu diskutieren bzw. zu entwickeln. Ausgegangen sind wir ursprünglich von folgendem Argument, das wir in drei Teilbereiche untergliedert haben: (1) Das historische Erbe des *Amateurismus* bestimmt weiterhin die Art und Weise, wie der nicht-professionelle Sport betrachtet wird und wie diejenigen kategorisiert werden, die an ihm teilnehmen. (2) Das mit dem Amateurismus assoziierte, überkommene Wertesystem hat nach wie vor großen Einfluss auf Verhaltensstandards im nicht-professionellen Fußball und ist häufig die Basis für die Kritik am Professionalismus bzw. an Kommerzialisierungsprozessen. (3) Es ist u. E. zentral, neue Ansätze zu entwickeln, um diejenigen zu beforschen, die den Fußball vornehmlich als Freizeitaktivität betreiben, und das sollte sich auch auf gegenwärtige anstatt ausschließlich auf historische Erfahrungen beziehen (vgl. Naglo et al. 2019a, b; Brandt und Naglo 2025).

In meiner eigenen Forschung habe ich nun den Zugang gewählt, diejenigen (medialen) Inszenierungen und Diskurse zu fokussieren, die auf den unteren Ebenen des Fußballs (re-)interpretiert bzw. (re-)definiert und bearbeitet werden. Diese Herangehensweise beinhaltet eine Perspektive auf Abläufe, in denen lokale Gemeinschaftskonstruktionen im Kontext verschiedener ‚Fußball-Imaginäre' stattfinden, um (implizite) Grenzen des lokalen, nationalen und globalen im nicht-professionellen auszuloten, mit einem besonderen Augenmerk auf den Konzepten *Krise*, *Event* und *Optimierung*. Dieser Schwerpunkt hat ganz wesentlich mit meiner eigenen *Fußballsozialisation* zu tun und beeinflusst daher meine Interpretationen zwangsläufig. Ziel der Darstellung ist es somit auch, die oben ausgeführten Kriterien hinsichtlich der eigenen Interpretationspraxis dezidiert zu berücksichtigen.

Historisch-konzeptuelle Grundlegungen – Wandel und Differenzierung in Welten des Fußballs

3

3.1 Strukturelle Entwicklungen deutscher Fußballvereine und -verbände

Die Entwicklung von Vereinen in Deutschland als Zusammenschlüsse von Freiwilligen kann als weitgehend vernachlässigtes Forschungsthema gelten (vgl. Müller-Jentsch 2008). Das Wort *Verein* stammt vom Verb ‚vereinen' oder ‚eins werden' und bezeichnet das Zusammenkommen einzelner Personen mit Gleichgesinnten (Naglo und Waine 2014). Das Substantiv ‚Verein' wiederum kennzeichnet eine rechtlich konstituierte Gruppe von Individuen, die einen gemeinsamen Zweck, einen Zeitvertreib oder eine gemeinsame Leidenschaft verfolgen. Die Entstehung von Vereinen in Deutschland war historisch zentral für die Emanzipierung der Mittelschichten, für Frühformen der Organisierung der Arbeiterschaft und Frauen und ihrer Forderung nach Gleichberechtigung. Vorläufer dieser Organisationen in Deutschland waren Zünfte und religiöse Bruderschaften. Im Kontrast zu den später gegründeten Vereinen waren die genannten allerdings inkorporiert in die traditionelle Ordnung des *ancien régime* und damit exklusiv definiert über Geburt und sozialen Status. Das Verschwinden dieser traditionellen Ordnung zum Ende des 18. Jahrhunderts (vgl. Koselleck 2006) ebnete in der Folge den Weg für freiwillige Zusammenschlüsse und bedeutete damit die Etablierung eines neuen Prinzips der Gemeinschaftsbildung und Vereinigung. Die neuen Zusammenschlüsse gelten entsprechend als *Signum der Moderne*, als bedeutsamer Aspekt und Symbol der ‚De-Korporierung' der traditionellen deutschen Ordnung (vgl. Tenbruck und Ruopp 1983; Eisenberg 1999; Müller-Jentsch 2008). Vereine und ihre Orte sind historisch daher als Konsequenz einer Entwicklung anzusehen, die auf die europäische Aufklärung und den allmählichen Rückzug des Staates aus dem Privatleben seiner

K. Naglo, *In Fußballwelten*, Erlebniswelten,
https://doi.org/10.1007/978-3-658-31553-5_3

Bürger zurückzuführen ist. Diese Entwicklungen im Verlauf des 19. Jahrhundert erlaubten neue Formen – vor allem in Deutschland – der freien Zusammenkunft gleichgesinnter Bürger. Vereine förderten dabei automatisch das Erleben von Geselligkeit für bestimmte Menschen an spezifischen Orten, die das so genannte *Vereinsleben* bis heute auszeichnet und sozial als mindestens genauso bedeutsam anzusehen ist wie die eigentliche Aktivität im Zentrum des Vereins (das Sporttreiben). Vereinswelten können vor diesem Hintergrund soziologisch beschrieben werden als nahezu idealtypische soziale Zusammenhänge nach Bourdieu (vgl. 1987), in denen soziale Milieus Kohäsion generieren und sich, durch den Austausch unterschiedlicher Kapitalformen, immer wieder selbst reproduzieren, was letztlich gesellschaftlich homogenisierend wirkt.

Charakteristisch für die Entwicklung des Sports bzw. des Sportvereins in Deutschland vor der Einführung englischer Sportarten war die *Turnerbewegung*, die durch den Lehrer *Friedrich Ludwig Jahn* als eine Form patriotischer Erziehung im Kontext der napoleonischen Kriege im frühen 19. Jahrhundert gegründet wurde (Eisenberg 1999, S. 105 ff.). Das Turnen war in dieser Zeit gekennzeichnet durch die Abwesenheit von Wettbewerb und entsprechend einer Gleichgültigkeit der Beteiligten gegenüber Rekorden, Ästhetik der und Eleganz in der Ausführung; Perfektion der Haltung und Erziehungsideale wurden als wichtiger erachtet. Es war daher auch nicht überraschend, dass englische Sportarten von der Turnerbewegung zunächst abgelehnt wurden (vgl. Müller 2009). Das Turnen wurde in der zweiten Hälfte des 19. Jahrhunderts jedoch zunehmend als eine den Sportunterricht in der Schule dominierende, sich ständig wiederholende und daher eher langweilige und zudem in staubigen Hallen stattfindende Leibesübung kritisiert. Solcherart Kritik verband sich nun mit dem Erscheinen der im Vergleich spektakulären ‚Englischen Sportarten', die schnell an Popularität gewannen. Sogar der äußerst konservative, preußisch dominierte deutsche Staat forderte in der Folge eine Reform des Turnunterrichts: Das Turnen sollte – genau wie in England – ergänzt werden durch spielerische und sportliche Aspekte, um nun auch die allgemeine Gesundheit und die Fitness der Schülerinnen und Schüler zu verbessern (Krüger 2022, S. 25). Neue Vereinsgründungen ab ca. 1860 lehnte die deutsche Turnerschaft weiter ab – insbesondere galt dies dem Fußball als englischem Spiel (‚English Disease', ‚sinnfreie Fußlümmelei') (vgl. Müller 2009, S. 79 ff.; Pfister 2003, S. 34; Eisenberg 1999). Es waren in der Folge vor allem Engländer der mittleren und oberen Schichten, die das Spiel in den 1870ern in die deutsche Öffentlichkeit trugen (Pfister 2003, S. 31 ff.). Sie besuchten das Land in der Regel aufgrund von Geschäftsbeziehungen, als Touristen oder Studierende. Fußball fand besonderen Anklang unter den deutschen Lehrkräften und wurde daher zuerst an Gymnasien etabliert.

Das *Martino-Katharineum-Gymnasium* in Braunschweig gilt übereinstimmend als der Geburtsort des Fußballs in Deutschland. Hier organisierten die beiden Lehrer

Konrad Koch und sein Kollege *August Herrmann* die ersten Fußballspiele unter ihren männlichen Schülern. Im selben Jahr gründete Koch einen ‚Fußball-Klub‘ ausschließlich für Schüler und publizierte im Folgejahr eine Broschüre, in der er die ersten deutschen Fußball-Regeln zusammenfasste (Burkhardt 2010, S. 151 ff.).[1] Diese folgten zunächst den sogenannten *moderate rules* der Schule von *Marlborough*, in Deutschland ‚Fußball mit Aufnehmen‘ genannt: Demnach war es erlaubt, in bestimmten Situationen mit dem Ball in der Hand zu laufen (‚catch and carry‘). Die vermeintlich ‚simplere‘ Version ohne das Nutzen der Hände setzte sich allerdings relativ schnell durch (Naul 2002, S. 18). Das Spiel fand bis zum Ende des Jahrhunderts zügig Verbreitung unter den mittleren Einkommensklassen, insbesondere den Angestellten (Müller 2009, S. 81), und wurde – mit unterschiedlichen regionalen und lokalen Eigenheiten – deutschlandweit eingeführt bzw. etabliert (vgl. Pyta 2006).

Die erste offizielle Vereinsgründung eines reinen Fußballvereins fand im Jahr 1878 statt (*Deutscher Fußballverein zu Hannover*). „Die ersten Sportler schienen von der sprichwörtlichen Liebe der Deutschen zum Verein erfasst gewesen zu sein, denn kaum hatten einige junge Männer beschlossen, gemeinsam sportlich aktiv zu werden, so schritten sie schon zur Gründung eines Clubs. Das für Deutschland typische System der Sportvereine bot manche Vorteile: Die durch gemeinsame Kleidung und gemeinsame Rituale geförderte Identifikation mit dem Verein verbesserte das Gefühl der Zusammengehörigkeit und erleichterte die im Sport notwendige Balance von Kooperation und Konkurrenz“ (Pfister 2003, S. 32). Bis zum Jahrhundertwechsel war Fußball vor allem attraktiv für soziale Aufsteiger und *Selfmade-Men*, diejenigen also, für die Konventionen und soziale Hierarchien insgesamt eine eher untergeordnete Rolle spielten und denen die strikten Regeln und Aktivitäten des typischen deutschen Vereins (z. B. Turnen, Singen, Schießen) nicht zusagten (vgl. Eisenberg 1999). Zudem imitierten sie gern den (vornehmen) englischen Lebensstil, inklusive der Sprache. Das Spiel war spätestens seit den 1880er-Jahren auch bei Mädchen und Frauen relativ beliebt, wenn auch insgesamt nicht so verbreitet, wie in England (Müller 2009, S. 82).

Das rasche Wachstum der Fußball- und Sportbewegung zog die Gründung regulativ fungierender Institutionen in Form von Verbänden nach sich. „Das dem Sport immanente Prinzip der Überbietung und des Rekords verlangte nach der Vereinheitlichung der Bedingungen, der Standardisierung der Sportgeräte, nach der schriftlichen Fixierung von Regeln, der Registrierung der Ergebnisse und nach einer zentralen Organisation der Wettkämpfe. Im Fußball gaben z. B. die Größe und Lage des Fußballfeldes, die unterschiedlichen Spielregeln oder auch die Tatsa-

---

[1] In dieser Perspektive markiert Kochs Broschüre nicht nur den Anfang des Spiels, sondern auch die Einführung einer bestimmten (deutschen) Sprache des Fußballs, insbesondere hinsichtlich des Lexikons (Burkhardt 2010, S. 152).

che, dass Spieler gleichzeitig für mehrere Vereine spielten, immer wieder zu Streitigkeiten Anlass“ (Pfister 2003, S. 35 f.). Dies hatte zur Folge, dass sich die Vereine in übergreifenden Organisationen zusammenschlossen. In diesem Prozess setzte sich der 1900 in Leipzig gegründete DFB (Deutscher Fußball-Bund) als bedeutendster Dachverband durch, eine Position, die er in den folgenden Jahrzehnten immer wieder verteidigen bzw. ausbauen musste (Eisenberg 1999, S. 180).

Vereine waren in Deutschland also längst etabliert als Organisationsform für Freizeitaktivitäten und bestimmte Geselligkeitsformen, bevor moderne Sportarten von Großbritannien nach Deutschland importiert wurden, was als wesentlicher Unterschied zu den Entwicklungen etwa im Vereinigten Königreich zu sehen ist. Nathaus (2012, S. 78) konstatiert, dass in Großbritannien „commercial influences can be detected in early modern sports, long before the organisational form of the club gained prominence. In the nineteenth century, clubs and associations were formed by middle-class reformers who sought to employ sport as a means for ‘rational recreation’ and whose attempts to improve other people’s behaviour conflicted with sport in many respects. But the success of this reform movement remained limited due to the impact of another wave of commercialisation in the last third of the nineteenth century which fostered sport’s independence from patronage and social control“. Der Einfluss der Wirtschaft als Ganzes auf deutsche Vereine blieb hingegen vergleichsweise schwach ausgeprägt. Daher war die Stellung von einzelnen (lokalen) Mäzenen und vor allem der lokalen politischen Eliten deutlich stärker verankert. Deren Ziel lag historisch nicht allein in der Förderung sportlicher und von Freizeitaktivitäten innerhalb der Vereine, sondern auch in der Konservierung sozio-politischer Hierarchien. Insofern war das sozialintegrative Potenzial von Vereinen in Deutschland zunächst nicht sonderlich ausgeprägt.

Das frühe 20. Jahrhundert sah dann die tendenzielle Abkehr vom Prinzip eines weltoffenen Kosmopolitismus in Europa und die Herausbildung einer insgesamt eher nationalistischen und kriegsbejahenden Atmosphäre. In dieser Zeit entwickelte sich der Fußball vor allem zu einem Spiel für Soldaten. Der *Erste Weltkrieg* war in dieser Hinsicht zentral für die Bedeutungszunahme des Spiels, da es etwa genutzt wurde, die Idee des Wettbewerbs innerhalb der Streitkräfte zu stärken. Fußball zu spielen, oder das dem Fußball nachempfundene Handball,[2] wurde zunehmend genutzt, um die Disziplin und Motivation der ‚Truppe‘ zu festigen. Die Heimkehrer brachten ihre Erfahrungen mit dem Spiel im Anschluss an den Krieg mit nach Hause

[2] „Feldhandball wurde als neues Spiel von führenden Vertretern der Turnerbewegung entwickelt. Seine Popularität als neues Spiel in Vereinen und der Schule bei Sportlehrern stieg schnell an. Gespielt wurde es als 11 gegen 11 auf einem Fußballfeld. Feldhandball wurde so zum ‚wahren deutschen Spiel der Turnerbewegung‘, während viele Schüler in einem der mittlerweile zahlreichen Fußballvereine organisiert waren.“ (Naul 2002, S. 23).

und halfen dabei, neue Vereine zu gründen und den Fußball insgesamt zu popularisieren, wodurch er eine weitere Öffnung erfuhr (vgl. Pfeiffer 2008). Ein zusätzlicher Grund für Letztgenannte Entwicklung war der ökonomische Niedergang Deutschlands nach dem Ersten Weltkrieg, der dem *Amateurismus* als einflussreicher Idee – vor allem auch innerhalb des DFBs – zum Aufstieg verhalf: „Als neuer ‚Sinnstifter' erwies sich der Amateurgedanke. Für diese spezifisch englische Idee hatte in Deutschland vor 1914 kaum jemand Verständnis aufgebracht. Wenn man einmal von einer DRAfOS [Deutscher Reichsausschuß für Olympische Spiele, K.N.]-Kampagne im Vorfeld der geplanten Olympischen Spiele 1916 absieht, und nach dem Krieg, als die ‚Kameradschaft der Frontsoldaten' hoch im Kurs stand, waren Teilnahmebeschränkungen jeder Art verpönt. Mit Bekanntwerden des Versailler Vertrages wurde der Amateurgedanke jedoch in der Öffentlichkeit politisch instrumentalisiert und gewann an Boden. Im Interesse der ‚Wehrkraft' und der ‚Volksgesundheit' komme es darauf an, die ‚Massen' dazu zu bringen, sich selbst aktiv sportlich zu betätigen, lautete das Argument, und das sei nur zu erreichen, wenn die beträchtlichen Einnahmen aus Eintrittsgebühren nicht eigennützigen Unternehmern, sondern den Vereinen zugute kämen" (Eisenberg 1999, S. 337).

Fußballerinnen fanden sich nach 1920 vor allem unter den Arbeiterinnen, auch in gemischten Mannschaften mit Männern. Wie in England nahm die Diskussion rund um die ‚Frauenfrage' zu dieser Zeit Fahrt auf. Die Argumentationslinien verliefen entlang polarisierender Geschlechtscharaktere, die im 19. Jahrhundert stark an Bedeutung gewannen. Darin wurde etwa postuliert, dass die Frau als ‚ergänzendes Wesen' nicht für den (harten) sportlichen Wettkampf geschaffen sei (Müller 2009, S. 82). Während des Nationalsozialismus wurde diese ausgrenzende Position zum Frauenfußball (und zu jüdischen Mitgliedern) in den Vereinen weitgehend zum Grundsatz erhoben.

Obwohl der Fußball im Laufe der 1920er- und 1930er-Jahre immer populärer wurde, insbesondere auch was die Zuschauendenzahlen anging, und sich zudem sportlich zügig weiterentwickelte, blieb der DFB bei seiner – aus steuerlichen Gründen und jenen der Einheit des Verbandes als existenziell erachteten – strikten Haltung gegen Professionalisierungsbestrebungen, die vor allem von verschiedenen Vereinen offensiv unterstützt wurden.[3] Zur politischen Durchsetzung seiner polarisierenden Haltung half der Verband nach 1933 bei der Ausgrenzung von Juden aus Vereinen und Verbänden, die in der Folge z. B. als ‚jüdische Kaufleute' diffamiert wurden (Havemann 2005, S. 341 f.; Zeyringer 2016, S. 189 f.). Über die genaue

[3] „Das deutsche Festhalten am Amateurwesen lag nicht nur im konservativen und nationalistischen Wertemuster begründet, sondern passte auch in die linke Ideologie. Weder der alte noch der neue Mensch solle seinen Körper für Geld ertüchtigen, er habe ihn vielmehr für den gesunden Volkskörper zu trainieren" (Zeyringer 2016, S. 147).

Verstrickung und den Grad der bereitwilligen Unterwerfung des organisierten Fußballs im NS gibt es in der Forschung keinen Konsens, Argumente reichen hier von einer weitreichenden ideologischen Übernahme nationalsozialistischer Positionen bis zum eher opportunistischen Mitläufertum, dem Pendeln zwischen *Gleichschaltung* und *aktiver Selbstgleichschaltung* (vgl. Havemann 2005; Herzog 2008). Hinsichtlich dieser Frage wird gelegentlich sogar von einem ‚Sporthistorikerstreit' gesprochen (vgl. Herzog 2008). Festhalten lässt sich jedenfalls, dass der DFB seine problematische Rolle im NS jahrzehntelang ignoriert und Täter und Mitläufer auf diese Weise geschützt hat. Vor allem seit der vom Verband in Auftrag gegebenen Studie von Havemann (2005, 2006) ist jedoch eine Diskussion in Gang gekommen, in der die komplexe Thematik durchaus auch angemessen diskutiert wird.[4]

Die später anhaltende bzw. größer werdende Popularität des Vereinsfußballs direkt nach dem Ende des 2. Weltkriegs in der neu gegründeten (westdeutschen) Bundesrepublik wiederum erklärt Havemann u. a. mit der vermeintlichen Fähigkeit des Fußballs, die Herstellung *identitätsbezogener Imaginäre* (‚Heimat')[5] zu unterstützen und damit potenziell als Katalysator für die Integration der Nachkriegsgesellschaft (z. B. die Eingliederung von ‚Vertriebenen' in die westdeutsche Nachkriegsgesellschaft) zu dienen. Die Debatte um die Einführung einer Profiliga riss indes nie ab und führte schließlich zur Gründung der *Bundesliga* (vgl. Gebauer 2001) in der westdeutschen Bundesrepublik und damit offiziell zur Anerkennung des Berufsspielertums im Jahr 1963 (vgl. Havemann 2014).

In der DDR (*Deutsche Demokratische Republik*), dem zweiten deutschen Staatsgebilde, das als Konsequenz aus dem 2. Weltkrieg hervorging, befand sich der organisierte Fußball in einer ungleich komplexeren Konstellation bzw. schwächeren Position (vgl. Braun 2013). Auf der einen Seite war er der bei weitem populärste Zuschauersport.[6] Andererseits galten die olympischen Disziplinen im sportlichen Bereich immer als Priorität der politisch maßgeblichen SED (*Sozialistische Einheitspartei Deutschlands*), zum einen aufgrund des möglichen öffentlichen Imagegewinns, zum anderen aufgrund der Strahlkraft durch diverse Medaillenerfolge. Darüber hinaus hatten die verantwortlichen Politikerinnen und

[4] Siehe beispielsweise https://www.deutschlandfunkkultur.de/fussball-deutschland-nationalsozialismus-100.html, Zugriff, 21.7.2025.

[5] Die Bedeutung des *Heimatbegriffs* für den lokalpatriotisch geprägten Fußball ist groß. Er dient als gefühlsgeladenes Verbindungsstück zwischen Dorf und Stadt auf der einen und Region und Nation auf der anderen Seite. Die emotionale Bindung als Fundierung der Heimat vernachlässigt dabei die Gemeinschaft und betont die Selbstidentifikation der Person (vgl. Petri 2002, S. 162; Zambon 2025, S. 26–47).

[6] Die erste DDR-Meisterschaft (‚Oberliga') wurde in der Saison 1949/1950 ausgetragen, damals allerdings noch ohne Beteiligung der Berliner Vereine (Teichler 2006, S. 28).

Politiker in der DDR großen Respekt vor der Anziehungskraft und Faszination des Fußballs, die dieser offensichtlich auf die Massen ausübte. So wurden in sozialen Räumen des Fußballs bekanntermaßen politische Meinungen artikuliert, die durchaus konträr zur verordneten SED-Agenda laufen konnten, vergleichbar mit Prozessen in Katalonien oder dem Baskenland während der spanischen *Franco-Diktatur* (vgl. Zeyringer 2016, S. 180 ff.). Dennoch integrierte man das Spiel mehr oder minder erfolgreich in das Gesamtsystem des Sports, beispielsweise im Kontext der so genannten ‚Kinder- und Jugendsportschulen (KJS)' (Lanz 2022, S. 97), die 1952 ins Leben gerufen wurden und sich nach und nach zum Rückgrat des DDR-Talentsystems entwickelten. Inhaltlich lag der Fokus dieser Schulen weiter auf den olympischen Disziplinen sowie einer innovativen Kombination des Sport- und Bildungsapparats für talentierte Kinder. Mit Blick auf heute ist bemerkenswert, dass einige der neuen Strukturen des wiedervereinigten bundesdeutschen Sportsystems und der Talentförderung auf den Prinzipien der KJS aufruhen.[7]

An dieser Stelle lohnt es sich, den *Deutschen Fußball-Bund* und seine Rolle als zentraler gesellschaftspolitischer Akteur sowie seine sozialpolitischen Strategien noch etwas genauer zu bestimmen.

Der DFB musste hart kämpfen, um seine deutschlandweit führende Rolle seit seiner Gründung im Jahr 1900 in Leipzig gegen andere Organisationen durchzusetzen und zu behaupten. Besonders gute Beziehungen zu den politischen Eliten und Machthabern zu etablieren kann man entsprechend als zentrale Strategie des Verbands benennen, wobei Verantwortliche bereits früh das Diktum einer strikten Trennung zwischen Sport und Politik postulierten, obwohl der Verband seit seiner Gründung freilich alles andere als unpolitisch agierte (Havemann 2006, S. 34). Darüber hinaus ging es vor allem um die Verteidigung der Verbandseinheit gegen Einflüsse von innen und außen. Nach dem 2. Weltkrieg entwickelte der DFB sein bis heute wesentliches Identitätsnarrativ bzw. Image, ‚Treuhänder des deutschen Fußballs' zu sein, mit der Funktion eines vermeintlichen, nicht näher definierten ‚kulturellen Bindeglieds' in der zu diesem Zeitpunkt noch rein westdeutschen Gesellschaft. Die Verantwortlichen im Verbandskontext jenseits der sportlichen Ebene – vornehmlich Ökonomen, Politiker und Anwälte –, trieben diese ideologische Neuausrichtung voran, um sich in eine bessere Ausgangsposition im Kampf um öffentliche Gelder zu bringen. Entsprechend wurde das übergeordnete Ziel verfolgt, auf der gleichen ‚Bedeutungsebene' zu konkurrieren wie andere ‚kulturelle' Organisationen und Institutionen,

[7] Nach dem Fall des ‚Eisernen Vorhangs' wurden beispielsweise so genannte Eliteschulen des Sports bzw., etwas später, Eliteschulen des Fußballs eingeführt, die gegenwärtig einen integralen Bestandteil der Talententwicklung des deutschen Fußballs ausmachen (vgl. Digel et al. 2004).

etwa dem Orchester oder Theater, mit Museen, Bibliotheken, Archiven usw. Die Betonung lag dabei immer auf der *Gemeinnützigkeit*, ein Status, der im deutschen Kontext bekanntermaßen deutliche Steuervorteile mit sich bringt.

Rückblickend lässt sich konstatieren, dass der DFB in den vergangenen Jahrzehnten und insbesondere im Bereich des Amateurfußballs vergleichsweise viel erreicht und insgesamt eine gesellschaftlich stabilisierende und integrierende Rolle eingenommen hat. Diese kollidierte und kollidiert jedoch mit einem gewissen geschäftsmäßigen Gebaren des Verbands, der bis heute häufig den Eindruck vermittelt, eher auf finanzielle Gewinne abzuzielen oder – wenn es opportun erscheint – bisweilen sogar reaktionäre ‚Werte' zu verteidigen. Als eindrückliches Beispiel ist die explizite, einem *de facto* Verbot gleichkommende und bis 1970 andauernde Nicht-Unterstützung des Frauenfußballs ab dem Jahr 1955 zu nennen, also nur ein Jahr nach dem erfolgreichen Gewinn der Weltmeisterschaft der Männer in der Schweiz (‚Wunder von Bern'), oder der Korruptionsskandal rund um das WM-Turnier im eigenen Land 2006 (‚Sommermärchen') bzw. die vagen Stellungnahmen im Kontext der aus politischen Gründen scharf kritisierten WM-Turniere in Russland (2018), Katar (2022) oder der kürzlich erfolgten Vergabe des WM-Turniers 2034 an Saudi-Arabien.[8] Hier zeigt sich, dass sich der organisierte Sport, wie Göttlich in seinem hellsichtigen Artikel zum DFB bzw. zum Deutschen Olympischen Sportbund (damals noch Deutscher Sportbund) darlegt, in einem ‚Legitimationsdilemma' befindet. Man inszeniert sich gerne als unabhängiges Korrektiv gesellschaftlicher Fehlentwicklungen, was jedoch zwangsläufig in einem Spannungsverhältnis steht zur Eigendefinition als Partner von Gesellschaft, Wirtschaft und Politik: „Die eigenen Tätigkeiten müssen derart kommuniziert werden, dass sie einerseits den eigenen tradierten Wertvorstellungen entsprechen und andererseits möglichen Partnern konsensfähig wie profitabel zugleich erscheinen" (Göttlich 2008, S. 215).

Abschließend lässt sich festhalten, dass der DFB den organisierten Fußball in Deutschland sowohl als kulturelles Allgemeingut organisiert als auch als privatisierte Konsumware nutzt. Die Medien bieten dem Verband darüber hinaus eine Plattform, sich als öffentlicher Akteur in den Vordergrund zu rücken bzw. spezifische Botschaften zu transportieren, etwa im Hinblick auf sozio-politische Fragestellungen und Diskussionen zu Themen wie Integration, Homosexualität, Gender Mainstreaming, Sexismus, Rassismus oder *Diversity*. Diese Strategie findet sich auch in den ‚Schulprojekten' des Verbands wieder (vgl. Naglo 2025). Solche Diskussionen sind anschlussfähig an die, insbesondere im Kontext internationaler Events, immer wieder gemachte Aussage, der Fußball bzw. der Sport im Allgemeinen stelle eine gleichsam globale und universale *Sprache* dar, die alle ver-

[8] Als weiteres Beispiel ließe sich auch die ignorante Haltung des DFB gegenüber der argentinischen Militärdiktatur während des WM-Turniers 1978 anführen.

stünden und die deshalb das Potenzial habe, weitgehend problemlos und konfliktfrei ,Völker' oder wahlweise ,die Jugend der Welt' zusammenzuführen. In diesem universellen, normativ-symbolischen Idiom des Sports werden insofern reale Sprachen oder Kulturen *de facto* als nachrangig eingestuft, denn diejenige Sprache, der in diesen Diskursen vor allem Bedeutung zugewiesen wird, ist körperlich.[9] Soziale Integration, so die häufige Unterstellung, ist dann gar kein Problem mehr *an sich*, sondern lediglich ein von vornherein vergleichsweise stark positiv belegter (und gefühlter) Möglichkeitsraum, der ,Kulturen' quasi automatisch verbindet und zusammenführt.[10] *Gesellschaftliche Integration via Sport* als Schwierigkeit oder zumindest als Widerspruch im Rahmen sprachlicher Äußerungen wird so dem Diskurs entzogen. Dieser Aspekt soll im folgenden Abschnitt adressiert und weiter vertieft werden, da er die Ambivalenz der sozialen Welten des Fußballs im Hinblick auf unterstellte ,Werte' verdeutlicht und für den deutschen Vereinskontext der Gegenwart von besonderer Relevanz ist.

3.2 Fußball, Integration und Diversität

Sport allgemein und Fußball im Besonderen wird oft als universale Sprache porträtiert, die gemeinhin auf der ganzen Welt verstanden wird.[11] Dieser These ist, zumindest auf den ersten Blick, nur schwerlich zu widersprechen: Sie repräsentiert eine breit akzeptierte, vermeintliche gesellschaftliche ,Wahrheit', auf die sowohl von

[9] Das kann sich beispielsweise auch auf gemeinsames ,Feiern' als körperliche Erfahrung im Rahmen von Geselligkeit beziehen.

[10] Zifonun (2016, S. 118) schreibt etwa zur Integrationspolitik von Vereinen auf der lokalen Ebene: „Gemeinsam ist diesen Akteuren (…) die Ablehnung ,ethnischer' Selbstorganisation, die als integrationshemmend erachtet wird. Zudem ist ein geringer Wirkungsgrad dieser Integrationsförderungsmaßnahmen zu konstatieren. Hintergrund dafür dürfte die Eigenständigkeit des Milieus Fußball sein, das sich gegen äußeren Zugriff sperrt. Die Handlungslogik der Akteure zielt auf die Integration in den Sport und die symbolische Integration des Milieus, nicht auf ,Integration durch Sport' in die Gesellschaft. Man kann bei diesem Fall insofern von „erfolgreichem Scheitern" (Seibel 1996) sprechen, als den beteiligten Institutionen zwar einerseits – aufgrund der Steuerungsresistenz des Fußballmilieus – die Integrationsförderung weitgehend misslingt, es andererseits den korporativen Akteuren jedoch gelingt, ihre organisationale Stabilität, ihren Rang und die Ressourcenzufuhr sicherzustellen. Möglich ist dies, weil die Öffentlichkeit vor allem an einer symbolischen (Schein-) Lösung des Integrationsproblems im Fußballmilieu interessiert ist und an einer Offenlegung der Integrationsprobleme in dieser scheinbar ,heilen Welt' nur geringes Interesse hat."

[11] Siehe beispielhaft: https://www.kirche-im-hr.de/sendungen/2024/hr2-zuspruch/06/26-universalsprache-fussball/; https://www.vaticannews.va/de/papst/news/2019-04/generalaudienz-appell-sport-gedenktag-vereinte-nationen-papst.html; https://inside.fifa.com/de/campaigns/football-unites-the-world/football-is-joy-peace-hope-love-passion, Zugriff, 21.7.2025.

Politikern als auch von Sportlern regelmäßig verwiesen wird. Insbesondere das Bild des Fußballs als einer gemeinsamen, die ‚Völker der Welt' verbindenden Sprache wird immer wieder als offensichtlich betont und in politischen Aussagen instrumentalisiert. Diese Aussage beinhaltet zunächst die implizite Annahme, dass Fußball automatisch und weitgehend unproblematisch zu *sozialer Integration* führe (vgl. Krossa und Naglo 2019). Eine solche allgemeine und sehr positive Charakterisierung des Sports Fußball als universales und daher zwangsläufig unspezifisches, verbindendes Medium im gesellschaftlichen Kontext provoziert jedoch auf den ersten Blick einige kritische Nachfragen. Wie etwa steht es um die große Vielfalt verschiedener Sportarten und die regional unterschiedlichen Interpretationen ihrer Regeln und Spielstile? Wie ist es mit der Ignoranz gegenüber grundlegenden Menschenrechten[12] durch die großen Verbände (FIFA, IOC) auf so vielen Ebenen, mit Tendenzen hin zum kulturellen Imperialismus und der Nähe des professionellen Vereinsfußballs zu autoritären Regimes (G. Infantino!)? Und wie ist es um demokratische Prozesse in Vereinen und vor allem Verbänden bestellt? (Beichelt 2018, S. 7) Solche Fragen zweifeln die Identität des Sports als einer offensichtlichen, irgendwie neutralen, universalen Sprache, die Menschen automatisch verbindet und soziale bzw. kulturelle Ungleichheiten verschwinden lässt, an. Inwiefern also kann der Fußball, oder allgemeiner der Sport, überhaupt als Sprache verstanden werden? Ist das Bild des Fußballs als universaler Sprache zielführend, oder verdeckt es letztlich vorhandene soziale und politische Ungleichgewichte? Die Diskussion des Fußballs als Sprache erlaubt jedenfalls, der hier relevanten Frage von *Ambivalenzen* und *Normalitätsunterstellungen* in diesem Kontext nachzugehen.

Fußball als universale Sprache?

Wenn es aus linguistischer Perspektive um die Frage der Abgrenzung des Konzepts Sprache etwa von demjenigen des Dialekts geht, wird häufig die (halb-)spaßige Antwort angeführt, die dem Yiddish-Experten Max Weinreich zugeschrieben wird: „A language is a dialect with an army and navy". Dieser etwas grobe Kommentar, der linguistische und sprachpolitische Feinheiten ausspart, impliziert, dass die Entscheidung *Sprache oder Dialekt* letztlich auf der politischen Ebene getroffen wird und entsprechend mit Fragen politischer Macht in Verbindung steht (vgl. Naglo 2011). Sprachen sind demnach, das kann man etwas vereinfachend ableiten, Er-

[12] ‚Menschenrechte' verstehe ich mit Langenohl (2015b, S. 123) als „rationale Abstraktionen, die als Ideale zwar nicht total verwirklicht werden können, aber darin Konsequenzen zeitigen, dass im Versuch ihrer Totalisierung soziale Praktiken sich zu ihnen ins Verhältnis setzen, indem sie sich ihnen annähern oder im Gegenteil von ihnen distanzieren (…)."

gebnisse von Standardisierungsprozessen im staatlichen Kontext, die gesellschaftlichen Konventionen unterliegen. Sie sind fraglos das wichtigste Instrument in alltäglichen gesellschaftlichen Kommunikationsprozessen. Als Teil der sozialen Welt transportieren sie Sinn und Bedeutung und symbolisieren individuelle und kollektive Selbstverständnisse, auch in Prozessen sozialer Kategorisierung. Dabei vermitteln Sprachen Orientierung durch die durch sie geprägte Vorstellung einer gemeinsamen Welt, in der sich Individuen in komplexen und sich schnell ändernden Umgebungen organisieren müssen. So ermöglichen sie etwa die Imagination einer historischen, generationenübergreifenden Kontinuität, an der sich soziale Gruppen orientieren (z. B. durch die Etablierung eines Literaturkanons). Die Geschichte sozialer Gruppen kann in dieser Hinsicht als *sprachlich kontingent* bezeichnet werden, wobei jedes historische Ereignis zu einer erinnerten Erfahrung durch die Vermittlung einer gesprochenen oder geschriebenen Sprache wird (vgl. Koselleck 2006; Ehlich 2004). Daraus lässt sich wiederum folgern, dass Sprache dazu beiträgt, gesellschaftlich und politisch Einheitlichkeit herzustellen, und zwar in einer machtvollen und strukturierten Art und sie kann daher, eine weitere Folgerung, *per se* nicht neutral sein – das gilt selbst für Kunstsprachen wie *Esperanto* sowie für *inter-gruppale* als auch *inter-individuelle* Formen der Kommunikation, zwischen und innerhalb von Sprachgruppen, mit all den offensichtlichen sozialen Differenzen, Reproduktionen und Überlappungen, auch auf einer symbolischen Ebene. Weiter lässt sich formulieren: Die Kenntnis einer Sprache determiniert in der Regel wer dazugehört und wer nicht, und es ist nahezu immer das sprachliche Vermögen, das die Position Einzelner in bestimmten gesellschaftlichen Räumen spiegelt (vgl. Bourdieu 1991). Eine Sprache zu verstehen und zu sprechen ist eine Notwendigkeit, um Zugang zum *Wissen* einer bestimmten Gruppe und Einflussmöglichkeiten in diesem Rahmen im Sinne von Macht und Teilhabe zu bekommen. Der moderne Sport, und Fußball im Besonderen, können hier als gute Beispiele zur Verdeutlichung dienen, denn beide werden häufig als universale Sprache bzw. (körperliche) Kommunikationsform beschrieben.

Der moderne Sport ist also fraglos Teil des Prozesses, politische *in-groups* zu definieren, und zwar bereits im Kontext werdender Nationen im 19. Jahrhundert. Als starkes Symbol spielt er eine bedeutsame Rolle im Rahmen der Konstituierung von Kollektiven, allerdings nur dann, wenn die Unterstützung politischer Eliten auf allen Ebenen zugesichert wird (siehe beispielsweise Holt 1989). Sportevents sind etwa in der Lage, wirkmächtige Narrative und historische Mythen im Rahmen medialer Berichterstattung hervorzubringen, die jedoch immer in Beziehung stehen zu spezifischen Gruppen und ihren ideologischen Bedürfnissen, d. h. sie inkludieren und exkludieren gleichzeitig (vgl. Hobsbawm 1992; Anderson 1991; Grundlingh 2013;

Kautt 2014).[13] Diese Verbindung zu Machtpotenzialen wird vor allem im Rahmen von Integrationsforderungen in gesellschaftspolitischen Zusammenhängen gestärkt, da sie in der Regel in Welten des organisierten Sports und seinen spezifischen Vorgaben und Setzungen ausbuchstabiert werden. Die zentrale Frage ist dann: Spricht eine Person die gewünschte, von einem bestimmten Sport an einem spezifischen Ort geforderte ‚Sprache'? Es ist schwierig, Sportarten wie ‚Pelota', ‚Rugby' oder ‚Gaelic Football' *einer* universalen Sprache des Sports zuordnen zu wollen. Vielmehr beziehen sie sich häufig explizit auf bestimmte Gruppen in nationalen Kontexten und spiegeln nicht selten deren politische Konflikte. Dabei repräsentieren sie eine je partikulare Art, die Welt zu sehen, und eben keine universale. Auch Fußball wird nicht überall auf die gleiche Weise gespielt, organisiert oder gar interpretiert[14] – trotz aller Versuche zur Vereinheitlichung des Spiels – und ist auch nicht überall und bei allen gleich populär oder bekannt. Sportarten können also Zugang zu bestimmten Gruppen und deren Wissen durch Fähigkeiten oder Interessen gewährleisten, sie können allerdings immer auch ausgrenzen, falls jemand nicht über die entsprechenden Fähigkeiten bzw. das zumindest geforderte Interesse verfügt.

Das hier verfolgte Argument ist vor diesem Hintergrund, dass die oft beschworene universale Macht des Sports, Menschen zusammenzuführen, zumindest eine Übertreibung darstellt, die bestenfalls bedeutet, dass ‚viele Menschen gerne rennen, springen oder Bällen hinterherjagen' bzw. gerne anderen dabei zuschauen.[15] Sport beinhaltet in der Regel jedoch soziale Tendenzen der Annäherung *und* der Differenz, die sich im Wesentlichen auf Inhalte und Praktiken sozialer Gruppen beziehen und deren jeweiliger Art Themen, Techniken und Stile aufzugreifen bzw. zu generieren (Giulianotti 2016, S. 129). In diesem argumentativen Rahmen werden die kulturelle Kontextualisierung und unterschiedliche Organisation des Sports in verschiedenen sozialen Welten bedeutsam. Mit anderen Worten: Sport ist lokal

[13] Ein Beispiel stellt die im Jahr 2022 in England ausgetragene Fußball-Europameisterschaft der Frauen dar bzw. die sich öffentlich anschließende Forderung nicht nur nach einer kontinuierlichen Weiterentwicklung des Frauenfußballs, sondern auch nach gesellschaftlichen Veränderungen bzw. Verbesserungen, anschließend an die Werte, die die Frauen im Verlauf des Turniers vermeintlich vorgelebt hätten – so geäußert etwa von der Trainerin Martina Voss-Tecklenburg auf dem Empfang der Mannschaft im ‚Frankfurter Römer'. Solche Werte werden im Fußballdiskurs häufig öffentlich beschworen, in der Regel aber nicht weiter spezifiziert.

[14] Man bedenke nur die alltägliche sprachliche Differenzierung zwischen ‚Fußball' und ‚Frauenfußball'.

[15] Der Autor dieses Textes findet sich bekennend in beiden Kategorien wieder, kennt aber auch viele Menschen, die weder zur einen noch zur anderen gehören.

gerahmt, geprägt durch unterschiedliche Ziele und in der Regel verbunden mit Legitimitätsansprüchen (vgl. Ziesche 2020, S. 11 ff.), und zwar auf allen Ebenen. Ein zentraler Begriff in diesem Zusammenhang ist *Stil*. Kelly führt dazu allgemein aus (2007, S. 85): „One cultural idiom for expressing relations of affinity and opposition is that of sporting 'style', generally taken to be a distinctive, albeit elusive configuration of coaching philosophy, game strategy, player attitudes, and team social relations. Individual players and coaches have styles; teams have style, but the notion is used broadly (and most problematically) as a national style of sports (…). Sports styling is, in effect, a core grammatical construction of sports glocalization." *Stilbildung* und *Stilisierung*[16] sowie die dazu notwendigen Narrative werden im global geprägten Profifußball medial hergestellt, vermittelt und durch Prozesse zunehmender Kommerzialisierung verstärkt. Sie sind zu verstehen als Vorgang der Auswahl, des Ausdrucks und der Inszenierung (Willems 2012, S. 281 ff.). Der Stil ist in diesem Sinne eine lokale Interpretation globaler Versatzstücke, Praktiken und Zusammenhänge, die zwangsläufig medial zirkulieren. In diesem Sinne ist er eine Kernkategorie zur Beschreibung von Glo*k*alisierungsprozessen. Als *kommunikativer Stil* kann er gleichzeitig zur Analyse der kommunikativen Praxis dienen, „die soziale Welten bzw. soziale Gruppen im Kontrast zu anderen Welten oder Gruppen zur ‚Lösung' für anstehende Aufgaben und Probleme herausgebildet haben" (Keim 2007, S. 77).

Im Gegensatz zur oberflächlichen Homogenisierung von ‚Sprache' und/oder ‚Kultur' ist es relativ offensichtlich, dass eine Struktur der *Heterogenisierung* bzw. der *Opposition* ein inhärenter Teil von Sport ist. Wettbewerb und darauf bezogene Narrative umrahmen Spiele, in denen die relevanten Akteure strikte und partikulare Organisationsformen in unterschiedlichen Manifestationen priorisieren, unabhängig von der Altersgruppe. Das signalisiert die zentrale Bedeutung von *Differenz* und *Konflikt* als konstitutive Ideen des modernen Sports. Außerdem kommt das kompetitive und spielerische (*ludic*) Element des Sports zum Vorschein. Wann immer Sport als universale Sprache beschrieben wird, werden Aspekte wie Verspieltheit, Begeisterung und Freundschaft in den Vordergrund gerückt. Letztgenannte Elemente repräsentieren jedoch nur eine Seite der Medaille, was nicht selten ignoriert wird. Diese Art der Diskursführung ist also nicht nur oberflächlich, sondern macht auch unsichtbar, d. h.: der Umstand, dass Kommunikation im Sport herausfordernd ist und (nicht nur positive) soziale Konsequenzen zeitigt mit Auswirkungen auf Ungleichheiten, Hierarchien und Macht, wird in sozialen Welten

[16] „Als visuelle *Darstellung* fungiert Stil jedoch erst dann, wenn Gestaltungen erkennbar absichtsvoll auf Wiederholung setzen. Diesen Vorgang kann man als *Stilisierung* (Herv. i. Original, K.N.) fassen" (Kautt 2019, S. 71).

des Sports oft verdeckt bzw. marginalisiert. Diese herausfordernden, konflikt- und krisenhaften Umstände sind aber das, was den Sport eigentlich zum Teil des Vergesellschaftungsprozesses werden lässt.

Differenz und Diversity in den Welten des Fußballs

Warum, so kann man nun weiter an das oben Gesagte anschließen, sind andererseits Differenzkonstruktionen, beispielsweise mit Bezug auf Ethnie oder Geschlecht, in der sozialen Welt des Fußballs so alltäglich (vgl. Müller 2009), obwohl sie an sich nichts mit der eigentlichen Kernaktivität – möglichst erfolgreich im sportlichen Wettbewerb abschneiden (etwa: Tore schießen, erfolgreich Zweikämpfe bestreiten) – zu tun haben? Hier wird argumentiert, dass die Forderung nach der Berücksichtigung *sozialer Vielfalt* oder *Diversity* relevante Akteure im Fußball und ihr spezifisches, etabliertes Routinewissen potenziell irritiert (Naglo und Krossa 2024). Das gilt insbesondere, wenn Thematisierungen von Vielfalt – also Bezüge auf eigentlich grundlegende gesellschaftliche Vorstellungen und Prozesse (Nieswand 2021; Reckwitz 2022; Langenohl 2013) – nicht mit den für Wettbewerbssport typischen Optimierungs- bzw. Leistungsvorstellungen in Verbindung gebracht werden können. Die entstehenden Ambivalenzen werden in sozialen Welten des organisierten Fußballs dann über Prozesse der Kategorisierung und Marginalisierung in der Regel funktional in die charakteristische Konstruktion von Einheit eingebunden. Wie wird auf dieser Grundlage im Fußball ‚Vielfalt' bzw. ‚Diversität' einbezogen und legitimiert, auch vor dem Hintergrund, dass diese Begriffe und ihr zugrunde liegende Wertediskussionen allgemein scheinbar an gesellschaftlicher Bedeutung gewinnen, gleichzeitig gesellschaftspolitisch aber wiederum zunehmend unter Druck geraten (Stichwort: *backlash*)? Soziale *Differenz* und ihre konfliktiven, desintegrativen Potenziale werden auch in der Fußballwelt als gesellschaftliche *Krisen*phänomene interpretiert – als Rassismus, Antisemitismus, Muslimfeindlichkeit, Sexismus, Homophobie, Ableismus –, die es zu bekämpfen gilt. Dagegen in Stellung gebracht wird im organisierten Fußball jedoch vor allem ein normatives Verständnis von *Diversity*, das sämtliche Unterschiede, Vorlieben und Eigenheiten nur oberflächlich thematisiert und gleichzeitig marginalisiert. Einheit und Differenz mit ihren krisenhaften Elementen werden so typisch nicht substanziell zusammengedacht, sondern Einheit einseitig als krisenfeste und integrierende Normalität festgelegt. Wie ist also der Umgang mit Differenz im organisierten Fußball, ausgehend von der Beobachtung, dass ethnisch-nationalistische Kategorisierungen und andere Formen der Exotisierung/Veranderung und Ausgrenzung zur *Normalität* dieser Welt gehören?

Ethnisch-nationalistische Kategorien gehören im Fußball zum Alltag, wie etwa die Äußerung des ehemaligen Profifußballers und DFB-Nachwuchstrainers Steffen

Freund im wöchentlichen, stammtischartigen Fußballtalk ‚Doppelpass‘ offenbarte, in der er Aussagen zur aus seiner Sicht problematischen ‚französisch-algerischen‘ Herkunft zweier Spieler (‚mit diesen Wurzeln‘) mit vermeintlichem eigenen Expertenwissen zur potenziell mangelhaften Kaderplanung beim Bundesligisten und sprichwörtlichem ‚Malocherklub‘ Schalke 04 verknüpfte.[17] Weitere Beispiele in dieser Hinsicht sind der Spielabbruch der Champions-League-Partie zwischen Paris St. Germain und der türkischen Mannschaft Istanbul Basaksehir (9.12.2020) nach vermutlich rassistischen Einlassungen eines Schiedsrichters, Aussagen beim Bundesligaspiel Union Berlin gegen Bayer Leverkusen im Januar 2021 (‚Scheiß Afghane‘, ‚Chillt mal, wir sind hier in Deutschland‘) oder rassistische Äußerungen und Online-Hetze gegen Spielerinnen bei der Fußball-Europameisterschaft der Frauen 2025. Ein weiterer Bereich von ‚Vielfalt‘ als Differenz ist die zentrale gesellschaftliche Strukturkategorie Geschlecht und die bedeutsame Assoziation von Fußball und Männlichkeit, die strukturell zu Marginalisierung bzw. Ausgrenzungen von Frauen und schwulen Männern führt (Meuser 2017; Degele 2013, 2014; Vester 2020).

Man könnte problemlos andere Beispiele benennen. Die Frage, die sich in diesem Zusammenhang stellt, ist daher nicht, *ob* es diese Kategorisierungen, verbunden mit Rassismus, Sexismus oder Homophobie im Fußball überhaupt gibt, sondern vielmehr *warum* es sie gibt, da die eigentliche Aktivität des Spiels ja nicht zwangsläufig solche exkludierenden Kategorisierungen nach sich ziehen müsste, diese aber selbst im Kinderfußball sämtlichen Alters gleichsam als ‚Alltagskompetenz‘ daherkommen. Eine grundsätzliche Vermutung ist, dass die im Sport unumgängliche Beobachtung ganzer Körper bei der Zurechnung und Messung körperlicher Leistungen es wahrscheinlicher zu machen scheint, dass körpergebundene Merkmale wie Ethnizität, nationale Zugehörigkeit oder Geschlecht auch als Interpretationskategorien relevant werden (Müller 2009, S. 317). Fußballspezifisch ließe sich weiterführend mutmaßen, dass die besondere Art der (medialen) Bedeutung, Verbreitung und Rezeption des Spiels als das global mit Abstand populärste entsprechende Kategorisierungen nach sich ziehen. Ein zweiter Punkt ist die Problematik der Messbarkeit fußballerischer Leistung, die sich objektiven Kriterien oft entzieht, weshalb dann wohl auf identitätsbezogene Kategorien und auf diejenigen vermeintlich biologisch-kulturell angelegter ‚Mentalitäten‘ oder körperlicher Voraussetzungen zurückgegriffen wird.

Exemplarisch lässt sich das am Umgang des DFBs mit dem Thema Vielfalt/Diversity erläutern. Zum einen wird vom DFB eine positiv definierte Konstruktion von Vielfalt betont, die gleichsam als *imagined diversity* (Zifonun 2008) in die Konstruktion symbolischer Einheit eingebunden ist (‚Vielfalt bereichert den Fuß-

[17] Vgl. https://www.youtube.com/watch?v=F5qr25XABpo, Zugriff, 16.6.2025.

ball', ,Fußball für Alle').[18] Das Integrationskonzept des Verbandes (,Gemeinsam für Teilhabe, Zugehörigkeit und Vielfalt in der Migrationsgesellschaft') formuliert entsprechend eine weit gefasste ,Allerweltsphilosophie', die relativ unspezifisch ist und universell verstanden wird. „Es handelt sich mit anderen Worten um einen Ordnungsrahmen, der so weit gespannt ist, dass darunter prinzipiell jeder und alles Platz findet, unabhängig von den jeweiligen Aktivitäten und Wertorientierungen" (Zifonun 2008, S. 45). In diesem Sinne ist dieses Konzept integrativ und offen für Vielfalt im Rahmen einer symbolischen Konstruktion von Einheit, in der es vornehmlich um die Nennung offensichtlicher gemeinsamer Werte *ex negativo* (,gegen Rassismus und Antidiskriminierung' oder ,Missbrauch') geht. Bei genauerer Betrachtung hält das ,Integrationsnarrativ' des DFB freilich nicht stand, wie etwa der soziale Ausschluss Mesut Özils nach dem gemeinsamen Bild mit dem türkischen Präsidenten Erdogan und dem Ausscheiden der deutschen Nationalmannschaft bei der WM in Russland 2018 verdeutlicht, in diesem Fall gebunden an die situative Bewertung von Leistung. So ist „das Narrativ der vollständigen Integration und damit dem ,Deutschsein' nicht mit tatsächlicher Egalität gleichzusetzen (...). Denn es wird eben nicht über einen Integrationszugang (in diesem Fall über die deutsche Nationalmannschaft) die dauerhafte, vollständige und bedingungslose Teilhabe garantiert. Diese würde implizieren, dass die politische Äußerung, in diesem Fall die positive Bezugnahme auf einen autoritären Präsidenten, nicht zum sozialen Ausschluss führte. Es zeigt sich, dass Leistung je nach Kontext und Positionierung unterschiedlich bewertet wird und bei weitem keine Garantie für dauerhafte Anerkennung ist" (Braun und Franke 2020, S. 108; siehe auch Zambon 2025).

Weiter auf spezifische Art institutionell illustriert und gestützt wird dieses Konstrukt von Vielfalt durch die öffentlichkeitswirksamen so genannten DFB-Botschafterinnen und Botschafter, allesamt ehemalige professionelle Fußballspielerinnen und -spieler (Celia Sasic, Nia Künzer,[19] Wiliam Georg Hartwig-Almer, Thomas Hitzlsperger, Gerald Asamoah), sowie den Bereich ,Nachhaltigkeit',[20] in dem Themen wie ,Gemeinschaft', ,Gesundheit', ,Umwelt' und ,Good Governance' unvermittelt nebeneinanderstehen. Die Betonung dieser ,Vielfalt in der Einheit' in der Außendarstellung ist für den DFB auch bedeutsam, um den durchaus in Frage stehenden steuerlich wichtigen Status der Gemeinnützigkeit abzusichern (vgl. Gmünder und Zeyringer 2018, S. 13 f.). Politisch ,be-

[18] Siehe https://tv.dfb.de/video/vielfalt-spot-fuer-alle/28347/, Zugriff, 16.6.2025.

[19] Nia Künzer fungiert seit dem 1. Januar 2024 offiziell als ,Sportdirektorin Frauenfußball'. Siehe https://www.dfb-akademie.de/nia-kuenzer-ueber-ihre-aufgaben-als-sportdirektorin/-/id-11011841/, Zugriff, 22.7.2025.

[20] Siehe https://www.dfb.de/nachhaltigkeit, Zugriff, 28.7.2025.

spielt', so scheint es, werden die Bereiche Vielfalt und gesellschaftliche Verantwortung durch die Position einer ‚DFB-Diversity Managerin', die der Verband eigens eingerichtet hat.[21]

Am Beispiel DFB dokumentiert sich also eine unzureichende Problemlösungsstrategie bzw. fehlende Klarheit in der Auseinandersetzung: Statt danach zu streben, es durch möglichst vollständige Vermeidung von Widerspruch allen immer Recht zu machen und dabei schließlich sowohl das soziale Profil einzubüßen als auch letztlich erheblich an gesellschaftlich wirkmächtiger *agency* zu verlieren, wäre es auch auf dieser Ebene wichtig, Konflikten und demokratischen Formen ihrer Verhandlung systematisch Raum zu geben. Das wird bislang offenbar als zu riskant und damit der Institution unzumutbar betrachtet. Insofern bleibt die gesellschaftliche Wirkung von *Diversity*, insbesondere auch im Kontext des deutschen Fußballs, letztlich unklar (vgl. Naglo und Krossa 2024).

Vor diesem Hintergrund wird der Blick nun auf die unterschiedlichen Bereiche des Amateur- und des vor allem medial diskutierten Profifußballs gerichtet.

3.3 Amateure vs. Profis

Fußball ist die mit Abstand populärste deutsche Sportart. Der DFB organisiert über acht Millionen Mitglieder, die sich wiederum auf über 24.000 Vereine aufteilen und den sogenannten deutschen Fußball auf all seinen Ebenen, vom Kinderfußball bis hin zu den sogenannten Ü-Mannschaften, ausmachen.[22] Der deutsche Fußball ist organisiert in einem *Pyramidensystem*, mit drei nationalen Profiligen (*Bundesligen*) an der Spitze und mehr als 2000 weiteren Ligen darunter. Abgesehen von wenigen Ausnahmen sind alle Vereine als gemeinnützige Organisationen zu betrachteten – der rechtliche Fachterminus lautet eingetragener Verein (e.V.) (vgl. Müller-Jentsch 2008). Der Status als e.V. bringt einige Begünstigungen mit sich, wie etwa die Möglichkeit staatlicher Förderung sowie steuerlicher Vorteile. *Mitglieder* wiederum bilden die Basis der Vereine. Sie bezahlen in der Regel einen Beitrag, der es ihnen gestattet, an den Aktivitäten des Vereins teilzunehmen. Manche Vereine unterscheiden dabei auch zwischen ‚aktiven' und ‚passiven' Mitgliedern. Mitglieder haben außerdem die Möglichkeit, ab einem gewissen Alter – variierend

[21] Offiziell wird diese Position auf der Internetseite des DFB allerdings nicht geführt, sie taucht aber in anderen Zusammenhängen auf, siehe https://www.dfb.de/news/detail/dfb-und-sportverbaende-setzen-zeichen-fuer-vielfalt-und-akzeptanz-beim-csd-263637, 22.7.2025.

[22] Siehe https://assets.dfb.de/uploads/000/322/167/original_DFB-Statistik_2025.pdf?1752146993, Zugriff, 12.7.2025.

zwischen 16 und 18 und je nach Vereinssatzung – in den jährlichen Jahreshauptversammlungen für offizielle Posten als Vereinsfunktionäre zu kandidieren. Hier werden regelmäßig der Vereinspräsident und der Vorstand gewählt. Theoretisch haben alle Vereinsmitglieder das gleiche demokratische Recht, im Vereinskontext zu partizipieren, gemäß dem Prinzip ‚ein Mitglied, eine Stimme'.

Der DFB betrachtet alle unter seinem Dach organisierten Ligen unterhalb der drei Bundesligen offiziell als Amateurwettbewerbe. Als Ausgangspunkt ist hier jedoch festzuhalten, dass viele Spieler auch jenseits der Profiligen geldwerte Zahlungen oder andere Zuwendungen erhalten, von denen nicht immer klar ist, wo genau sie herkommen bzw. wer genau sie aufbringt (vgl. Brandt/Naglo 2025). Der nicht-professionelle Fußball zeichnet sich also immer auch durch Intransparenz und Ambivalenz aus.

Medien und Praxis: der glokalisierte Profifußball

Es gilt die Annahme für den Fußball *on and off the field*, dass Medien bzw. mediale Diskurse sowohl Prozesse globaler Standardisierung als auch der nationalen Differenzierung des Spiels bewusstseinsbildend vermitteln und über unterschiedliche Formen der Rezeption verschiedene globale, nationale und lokale Praktiken nach sich ziehen. In diesem Sinne ist die Thematisierung und *Theatralisierung*[23] des Profifußballs immer auch eine durch Medien forcierte (vgl. Schwier 2000; Schwier und Schauerte 2009; vertiefend zu Theatralisierung vgl. Willems 2009), die dann wiederum bestimmte Inhalte (Symbole, Kommunikationen, Materialisierungen) zu niedrigeren, lokalen Ebenen transportieren. Wie diese auch ambivalenten Inhalte des globalen und nationalen, mediatisierten Profifußballs auf den untersten (lokalen) Ebenen des nicht-professionellen Vereinsfußballs aufgenommen und in Praktiken umgesetzt bzw. über Vermittlungsinstanzen weitertransportiert werden, ist jedoch nicht eindimensional ableitbar und differiert in den unterschiedlichen, national ungleich organisierten Systemen des Fußballs üblicherweise stark.

Die zu Beginn entwickelte Fragestellung legt in theoretischer Hinsicht zunächst die Einbeziehung von Robertsons *Glokalisierungskonzept* (vgl. 1992) nahe, wel-

[23] Nach Fischer-Lichte (1998, S. 86) ist der *Theatralitätsbegriff* zu charakterisieren als der Zusammenhang von *Performance* (körperliche und stimmliche Darstellung unter Anwesenheit von Publikum), *Inszenierung* (Produktionsprozess zur Ermöglichung von Performance), *Korporalität* (körperliche Darstellungsformen) und *Wahrnehmung* (Beobachterfunktion des Zuschauers) (vgl. Willems 2012, S. 323 ff.). Die ambivalente Figur des so genannten ‚Flitzers' als Störenfried (Bette und Kühnle 2023) kann in diesem Zusammenhang als ungewollter Teil der Inszenierung erwähnt werden. Zwar stört der Flitzer die Performance; dennoch jubelt das Publikum ihm in der Regel zu, wohl wissend, dass es sich nur um eine zeitlich begrenzte, unterhaltsame und harmlose Ablenkung handelt.

ches anschließend von Giulianotti und Robertson vielfach explizit auf den globalen Fußball angewendet wurde (siehe z. B. 2007, 2009). Glokalisierung beschreibt – wie oben bereits ausgeführt –, wie lokale Akteure globale Prozesse und Phänomene interpretieren, damit diese ihren partikularen Vorstellungen und Bedürfnissen entsprechen. So organisieren nationale Systeme den Fußball beispielsweise nach (global) standardisierten Prinzipien, nämlich in einem Ligasystem, jedoch interpretieren sie das Spiel in diesem System jeweils national und massenmedial unterschiedlich (vgl. Giulianotti und Robertson 2009, S. 62): Ein eindrückliches glokalisiertes, (pop)kulturelles Versatzstück ist das zur ‚Hymne' des FC Liverpool mutierte *You'll never walk alone*: Komponiert und getextet für das Broadway-Musical *Carousel* im Jahr 1945 wurde das Lied als Coverversion ein Nummer-Eins-Hit der britischen Charts im Jahr 1963, gesungen von *Gerry & the Pacemakers*, und fand so den Weg in die Fußballstadien der Swinging Sixties.[24] Mittlerweile wird das Lied in vielen verschiedenen Stadien abgespielt (z. B. Dortmund, Mainz, Glasgow) und es existieren weitere bekannte Coverversionen (z. B. von den *Toten Hosen*), was wiederum eine (Rück)Beeinflussung des Globalen durch das Lokale andeutet.

Ähnliches ließe sich beispielhaft mit beliebig vielen Versatzstücken aus dem Profifußball illustrieren (vgl. Giulianotti und Robertson 2007). Davon, dass der Profifußball den Kräften der Kommodifizierung bzw. des Kapitalismus schlicht ausgeliefert ist,[25] was wiederum zu einer generellen Reglementierung bzw. Säkularisierung gesellschaftlicher Zusammenhänge führe (Appadurai 1996, S. 6 f.), kann also keine Rede sein.[26] Vielmehr existiert eine Vielzahl unterschiedlicher und gegenseitiger Beeinflussungen und Interdependenzen der globalen, nationalen und lokalen Ebenen, die wiederum – insbesondere im stark ausdifferenzierten Amateurbereich des Fußballs, wo sich im Verein als lokaler Gemeinschaft heute traditionale und posttraditionale Werte vermischen – eine Vielzahl diverser Prak-

[24] Dem Mythos folgend wurde das Lied im Stadion an der *Anfield Road* in Liverpool gespielt, als plötzlich die Lautsprecher ausfielen. Die Fans sangen vermeintlich einfach weiter und schufen so ihre eigene Erkennungsmelodie im lokalen Kontext mit einem Versatzstück aus der globalen Musikindustrie (vgl. hierzu Irwin 2008, S. 173 ff.; siehe auch Leue 2023, S. 93 ff.). Es wird allerdings kontrovers diskutiert, ob das Lied nicht doch zuerst im *Celtic-Park* zu Glasgow von den dortigen Fans zelebriert wurde.

[25] Diese Thematik ließe sich wohl gut an der gegenwärtig umstrittensten Figur des Weltfußballs diskutieren, dem FIFA-Präsidenten Gianni Infantino.

[26] Ohnehin gilt dies nur für das deutsche Konzept der Kulturindustrie. „The English term ‚cultural industries', by contrast, takes for granted that both areas of culture are dependent on the market, and that it therefore applies to both classical and pop music, good books and cheap literature, educational valuable sporting events and dubious computer killer games alike" (Eisenberg und Gestrich 2012, S. 4).

tiken nach sich ziehen und unterschiedliche Sinnbezüge und Wissensdimensionen enthalten. Angelehnt an Appadurai wird hier entsprechend davon ausgegangen, dass die Massenmedien und die so genannte Kulturindustrie nicht vor allem passive, willenlose und manipulierbare Konsumenten erzeugen (vgl. auch Gebauer 2003b), sondern eher Handlungen und Praktiken in unterschiedlichen Ausprägungen provozieren. „This is not to suggest that consumers are *free* agents, living happily in a world of safe malls, free lunches, and quick fixes. As I suggest (...), consumption in the contemporary world is often a form of drudgery, part of the capitalist civilizing process. Nevertheless, where there is pleasure there is agency" (Appadurai 1996, S. 7). Während also die Glokalisierungsthese, die dem Globalen und Lokalen ein gegenseitiges Abhängigkeitsverhältnis unterstellt, in dem lokale Praxis Einfluss auf den inhaltlichen Niederschlag der Massenmedien hat, im Rahmen des professionellen Fußballs aufgrund der massenmedialen Verfasstheit desselben direkt beobachtbar ist, ist sie für den Amateurbereich nur über die Kommunikation der teilhabenden Akteure und Beobachtung entsprechender Praktiken ‚vor Ort' greifbar. So ist zu zeigen, inwiefern der ‚nationale Medienfußball', der – gemäß dem ursprünglichen Konzept der Glokalisierung – Angebote des globalen Medienfußballs ja bereits kulturell kontextualisiert hat, auf der Amateurebene durch entsprechende Akteure und ihre partikularen Interessen wie und unter welchen Bedingungen *re*-interpretiert wird.

Im Hinblick auf die analytische Verbindung von professionellem und Amateurfußball ist außerdem das kontrovers diskutierte Konzept des *Post-Fans* – in Anlehnung an John Urrys *Post-Tourist* – zu erwähnen (vgl. 1988). Dieser muss beispielsweise nicht mehr zwingend das Haus verlassen, um an einem professionellen Fußballspiel als Zuschauender teilzunehmen, da vor allem das Fernsehen, und mittlerweile natürlich das Internet mit seinen Streamingdiensten, zahlreiche Gelegenheiten bieten, dies von zu Hause aus zu tun.[27] Die Hauptspielart des Post-Fans ist demzufolge Mitglied einer neuen Mittelschicht in seinen unterschiedlichen Formen, welche sich populärkulturellen Erscheinungen gegenüber einerseits offen, andererseits reflexiv und kritisch-ironisch bzw. distanziert verhält und ein Bewusstsein für die mediale Durchdringung des modernen Sports ausbildet, in welchem Inhalte stark selektiv verbreitet und Atmosphäre weitgehend simuliert wird (Redhead 1997; Giulianotti 1999). Ob sich tatsächlich, wie mit dem Konzept unterstellt, die soziale Basis des Fußballpublikums seit den 1990ern hin zur ‚Mittel-

[27] Via Smartphone lassen sich professionelle Fußballspiele natürlich nahezu von jedem Ort aus verfolgen: Voraussetzung ist lediglich eine stabile Netzverbindung und Zugänge zu den relevanten Plattformen. Über bestimmte Anbieter bieten mittlerweile auch Amateurvereine *live streams* der Spiele ihrer Mannschaften über die jeweiligen Internetseiten an.

schicht‘ verschoben hat, oder ob es sich hierbei lediglich selbst um ein medial konstruiertes Phänomen handelt, wird unterschiedlich bewertet (Taylor 2008, S. 360 ff.; Fürtjes 2014). Jedoch deuten sich insbesondere auch im deutschen Fußball Modernisierungsprozesse oder *Re*-Interpretationen an, die potenziell Auswirkungen auf der Amateurebene zeitigen. Gerade aber die Flexibilität der Kategorie des *Post-Fans* ist hier von hervorgehobenem Interesse, weil sie eine Betrachtung unterschiedlicher Praktiken und Diskurse konzeptuell vorbereitet und entsprechend die Untersuchung eines Niederschlags des populärkulturellen Phänomens Fußball im Lokalen ermöglicht. Post-Fans partizipieren in dieser Sichtweise in der Regel in ihrer Funktion als Spieler, Trainer, Funktionäre, Schiedsrichter, Vereinsmitglieder- oder -angestellte, Fans, Beobachter usw. am professionellen *und* nichtprofessionellen Fußballspiel.

Als populäre Kultur des Globalen und Nationalen ist Fußball also stark medial inszeniert und ohne die modernen Massenmedien schlechthin nicht vorstellbar. Im Profifußball, der sich vor allem am Prinzip der Wirtschaftslogik orientiert und sportliche Leistung vermeintlich absolut setzt,[28] ist die Rolle des Fernsehens und seine zunehmende Kommerzialisierung und Standardisierung hervorzuheben, insbesondere seit dem Siegeszug des Privatfernsehens (*RTL*, *SAT.1*) Ende der 1980er-Jahre und des Bezahlfernsehens Anfang der 1990er (damals: *Premiere*, heute *sky*). „Was wir über Fußball sagen, denken und fühlen können, ist eine Koproduktion von Fußball und Fernsehen“ (Adelmann und Stauff 2003, S. 104 f.; siehe auch Willems 2012, S. 267 f.) – zu ergänzen natürlich auch um die Streamingdienste wie DAZN. Dies stellt eine Entwicklung dar, die McLuhans These vom *global village* (vgl. 1964) anhand des Fußballs zu bestätigen scheint.[29]

---

[28] Obwohl der Fußball allgemein zunehmend Tendenzen der wissenschaftlichen und vermeintlich objektiven Messung der Leistungsfähigkeit unterliegt, existieren offensichtlich Kontingenzen, die das Spiel unberechenbar und unüberschaubar machen, unabhängig von der rein physischen Leistungsfähigkeit. Hier wird dann häufig die Frage nach dem ‚Charakter‘ der Spieler oder der ‚Ansprache‘ der Trainer gestellt – wobei auch diese mittlerweile deutlich über das reine Motivieren hinausreicht (etwa beim Einsatz von *Power Point* oder *Videosequenzen* in der Halbzeitpause etc.). Gleichzeitig gilt: „Sport can often be this simple. For all the DNA chat and the philosophy waffle, football is basically feelings, energy, colours, an illusion of design created by winning“ (https://www.theguardian.com/football/2024/dec/08/palmer-and-cucurella-contrasting-sailors-on-chelseas-happy-pirate-ship, Zugriff, 9.12.2024).

[29] „Die neue Gemeinschaft, das ‚global village‘ und die ‚Stammesgemeinschaft‘, die durch die elektronischen Medien entstehen, hat McLuhan Anfang der 60er-Jahre erfunden – der Bildschirm als imaginäres elektronisches Kaminfeuer, um das sich die Gemeinschaft der Mediennutzer versammelt“ (Schneider 2008, S. 42).

Es lassen sich nun bereits seit dem Heimsieg Englands über Westdeutschland bei der Weltmeisterschaft 1966 Stimmen vernehmen (vgl. Porter und Wagner 2014), die solche Wettbewerbe und allgemein den professionellen Fußball zunehmend kritisch als globale Events betrachten, welche ausschließlich durch und für die Massenmedien konzipiert würden (vgl. Redhead 1997, S. 37), die daher letztlich *hyperreal* (vgl. Baudrillard 1993) seien und zusätzlich – als moderne Form der Gladiatorenkämpfe – von der Realität ablenkten (Eco 1987) und in denen die professionellen Fußballspieler entsprechend als Bewohner eines stark protektionierten, geradezu mythischen *Über-Raums* (Gebauer 2003b) entworfen werden.[30] Fraglos hat die Form der Darstellung des professionellen Fußballs im Fernsehen – und mittlerweile auch in Videospielen – wesentliche Auswirkungen darauf, wie die Beteiligten das Spiel wahrnehmen, was sie darüber wissen, und auch, wie sie sich dem Spiel gegenüber verhalten (sollen) (vgl. Gebauer 2003b).

Im Rahmen eines historischen Vergleichs zwischen Deutschland und England lässt sich beispielsweise von ähnlichen Entwicklungen im Bereich einer umfassenden medialen Fußball-Berichterstattung ausgehen, obwohl die Gründung der ersten Profiliga (*Football League*) in England bereits im Jahr 1888 und damit sehr früh erfolgte, während die deutsche *Bundesliga* als professionelle Liga erst spät, nämlich 1963 eingeführt wurde. Sowohl in Deutschland als auch in England beginnt die Hochzeit der medialen Verbreitung des Fußballs schwerpunktmäßig in den 1960er-Jahren in mittlerweile klassischen Sendungen, die gleichsam als Schlüsselkomponenten der jeweiligen *Fernseh*-Fußballkulturen zu begreifen sind und seit ihrem Erscheinen erheblichen Einfluss auf die Art und Weise haben, wie Fußball wahrgenommen wird. Zu nennen sind hier *die Sportschau* (ARD, seit 1961) bzw. *das aktuelle sportstudio* (ZDF, seit 1963) auf deutscher sowie *Match of the day* (BBC, seit 1964)[31] auf englischer Seite (Taylor 2008, S. 275),

[30] „Die häufige und explizite Rede von Helden und Heldentum findet man heute meist nur noch in der Kommentierung und Bewertung sportlicher Ereignisse und Akteure. Einzelne Athleten oder Mannschaften wachsen in Wettkampfsituationen über sich hinaus, verzaubern das Publikum mit außeralltäglichen physischen, psychischen und technisch-taktischen Leistungen und erhalten hierfür den öffentlichen Ritterschlag zum Helden. Falls ein entsprechender Überraschungseffekt vorliegt, werden die Taten der Sportler und Sportlerinnen sogar als Wunder wahrgenommen und in „Sommer-" und „Wintermärchen" memoriert und nacherzählt" (Bette 2019, S. 7).

[31] „In Großbritannien gingen 1964 zwei neue Fernsehformate wöchentlich auf Sendung: *Match of the Day* richtete sich an die Fußballfans, die Chartshow *Top of the Pops* an die jugendlichen Musikfans. Beide TV-Neuheiten können als Folge einer gesellschaftlichen Entwicklung in den 1960ern betrachtet werden, die sich sowohl im Kommerzfußball als auch in der Kommerzmusik ausdrückte" (Leue 2023, S. 96).

die alle drei noch heute ausgestrahlt werden. Seit den 1980ern und dem Aufkommen des Privatfernsehens, vor allem aber mit Beginn der 1990er-Jahre sind mit der Übernahme der Übertragungsrechte des Profifußballs durch die ‚Kirch Mediengruppe' im deutschen und im britischen Fernsehen durch den Sender ‚British Sky Broadcasting' weitere ähnliche Entwicklungen zu beobachten, die Kommerzialisierungsprozesse im Fußball beschleunigen (vgl. Mikos 2006; Porter 2012; Elliott 2014). Neben den öffentlich-rechtlichen und privaten Sendern wird der Fußball heute in beiden Ländern z. B. durch *sky* und das Streamingportal DAZN via Abonnement zugänglich gemacht.[32] Diese sind beispielsweise immer (‚24/7') auf Sendung und vermitteln dadurch den Eindruck einer allgegenwärtigen und grenzenlos bedeutsamen, emotional hochtourigen Fußball- bzw. Sportwelt, in der sich ständig Ereignisse von öffentlichem Interesse zutragen.[33] Während die Berichterstattung zunächst vor allem auch ironische bzw. selbstironische Tendenzen aufwies, hat sich die journalistische Begleitung des Fußballs durch eine zunehmende Anzahl von Experten und Expertinnen in den letzten Jahren tendenziell in eine andere Richtung entwickelt: Spiele werden heute in der Regel taktisch seziert und sprachlich bis ins kleinste Detail analysiert, was häufig etwas bemüht wirkt und bisweilen nach Seminarinhalten in Fortbildungen für Trainerinnen und Trainern klingt. Gleichzeitig betont dieses Überangebot den *sozialkonservativen* Charakter des Fußballs, dessen Grundprinzip das der ständigen Wiederholung ist (Stichwort: *Stilisierung*).[34] Der Einfluss des *pay-tv* auf die deutsche Fußball-Medienberichterstattung in den vergangenen Jahren ist daher nicht zu unterschätzen, weil hier mit eingespielten medial-kulturellen Eigenarten gebrochen wurde, insbesondere auch hinsichtlich der Einführung von *Gesprächsrunden* anstatt nur eines Experten oder einer Expertin bzw. der Idee, dem Kommentator bzw. der Kommentatorin eines Spiels einen Experten oder eine Expertin zur Seite zur stellen: Dies sind Aspekte, die einer internationalen Standardisierung der Berichterstattung insgesamt Vorschub leisten.

Im nächsten Abschnitt wird der Blick nun konkret auf den Amateurfußball gerichtet, und zwar ausgehend vom (historischen) Konzept des *Amateurs*.

---

[32] Es existiert eine Vielzahl weiterer Anbieter, auf die hier nicht detailliert eingegangen werden kann. Hier geht es vor allem um die beispielhafte Darstellung von Übertragungsprinzipien.

[33] Siehe den gegenwärtigen Werbeslogan der Fußballzeitschrift *Kicker*: „Das Spiel ist nie aus."

[34] Vgl. etwa die treffende Parodie auf http://www.youtube.com/watch?v=VF_uOgyBK1c, Zugriff, 22.7.2025.

Amateurfußball: Versuch einer Differenzierun

Etymologisch enthält der Amateurbegriff, der zurückzuführen ist auf das lateinische *amator*, von dem im 17./18. Jahrhundert das Altfranzösische *l'amateur* abgeleitet wurde (Bretschneider 2008, S. 58), einerseits Inhalte wie Liebhaberei, Passion, Verehrung usw. Andererseits transportiert er Konnotationen wie Limitation und Dilettantismus. Bereits hier wird die paradoxe Natur des Begriffs mitsamt seinem Potenzial zur Ideologisierbarkeit deutlich. Insofern ist er – wenn auch nicht als einer der zentralen Grundbegriffe der Aufklärungssprache – als einer der häufigen neuzeitlichen europäischen Kollektivsingulare zu begreifen, „die viele ausdifferenzierte Bedeutungen abstrakt zusammenfassen" (Koselleck 2006, S. 66).

Ursprüngliche Unterscheidungen zwischen Amateur- und professionellem Status sind auf das 19. Jahrhundert zurückzuführen, als *Gentlemen* mit Zeit, Geld und dem Bedürfnis, ihren sportlichen Interessen nachzugehen, zunehmend von den arbeitenden (auch bürgerlichen) Schichten herausgefordert wurden, die aus unterschiedlichen sportspezifischen, vereinspolitischen und gesellschaftlichen Gründen nunmehr eine Vergütung für die Ausübung des Sports erhielten (vgl. Eisenberg 1999; Curry 2004). Die Idee, dass der *Gentlemen-Amateur* höher angesehen sein sollte als der bezahlte Profi, wurde dann spätestens in der Mitte des 20. Jahrhunderts als zunehmend unzeitgemäß wahrgenommen (vgl. Porter 2011a).[35]

Generell orientierten sich historische Definitionen von Amateur- und Profifußball an Klassen- und Statuskategorien, die sich im Laufe der Zeit wandeln konnten. Prinzipiell erwartete man von einem Amateur, dass er aus ‚Liebe zum Spiel' am selbigen teilnimmt, während bei einem professionellen Spieler eine Entlohnung in irgendeiner Form vorausgesetzt wird (vgl. Smith und Porter 2000, S. viii f.). Tatsächlich spiegelt dieser grobe Dualismus nicht die Komplexität der Thematik wider, da auch der gegenwärtige Amateurfußball – abhängig von der jeweiligen Spielklasse – in der Regel äußerst kompetitiv ist. Und das gilt selbstverständlich auch für den leistungsorientierten Spitzenjugendfußball: Trainerentlassungen bei Misserfolg gehören bis in die untersten Spielklassen zum Alltag, Spieler beziehen

[35] Die Idee eines ‚guten Amateurfußballers', dessen Kerneigenschaften Loyalität, Solidarität und Gemeinschaftsglaube sind, wird aber auch heute noch im deutschen Amateurfußball bemüht, und zwar *ex negativo*: So werden Spieler, denen unterstellt wird, vornehmlich des Geldes wegen den Verein zu wechseln, häufig abwertend als *Söldner* adressiert. Mit dem gleichen Begriff werden auch Profifußballer, die häufig den Verein wechseln, bezeichnet. Während das Konzept im Profifußball jedoch eher in Diskussionen mit sozialromantischen Zügen auftritt, da Profifußballer per definitionem in der Regel dort spielen, wo am meisten bezahlt wird, beinhaltet der Begriff im Amateurbereich bisweilen den impliziten Vorwurf an den Spieler, die Vereine durch das häufige Wechseln in den Ruin zu treiben und nicht ‚wirklich' Loyalität zu empfinden.

Gehälter und werden auf einem Transfermarkt gegen marktentsprechende Summen ‚verkauft' (Stichwort: *Ausbildungsentschädigungen*). Dies sind allerdings eigentlich Inhalte der Zirkulationssphäre des Profifußballs, dessen zentrale Charakteristika mit den Schlagworten Leistung, Wirtschaftlichkeit und Wissenschaft umrissen werden können. Somit lässt sich bereits an dieser Stelle festhalten, dass sich die Funktionssysteme von Amateur- und Profifußball nicht sauber voneinander trennen lassen. Die Bezeichnung Amateurfußball bringt als Sammelbegriff, der in der Regel synonym für unbezahlt, nicht-kommerziell bzw. nicht-professionell verwendet wird, die real bestehenden Differenzierungen also nicht adäquat zum Ausdruck (vgl. hierzu auch Bretschneider 2008, S. 55 ff.).[36] Dennoch ist das lokale bzw. regional beschränkte Interesse ein wesentliches Charakteristikum des nicht-elitären Fußballs. So entsteht, trotz der Einflüsse des professionellen Gegenübers ein System, das einer von den maßgeblichen Akteuren – etwa Vereinsfunktionäre, die gleichzeitig *Post-Fans* sind – bestimmten Eigenlogik folgt und in dem etwa finanzielle Aufwendungen und öffentliches Interesse stark auseinanderdriften können.[37] Auch im Amateurfußball spielt also der Kreislauf von Personen (z. B. Transfersystem für Spieler und Trainer) und Waren (z. B. Fanartikel) eine wesentliche Rolle für die Ausbildung relevanter Kollektivvorstellungen und damit der Herstellung imaginärer Grenzen des Lokalen, Regionalen und Nationalen. Gleichzeitig findet auf diesen Ebenen eine Betonung klassischer Gemeinschaftsformen im Sinne von exklusiven, traditionell verankerten Bindungen statt (vgl. Tönnies 1979), die mit den zentralen Funktionslogiken des Fußballsports, nämlich Leistungsvergleich, Konkurrenz, Wettbewerb und Austausch auf einem durch das Ligasystem und die Zirkulationssysteme festgelegten *Markt* kollidieren und den nicht-professionell betriebenen Fußball so zu einem nur schwer deutbaren und facettenreichen System werden lassen.

Zusammenfassend lässt sich, bezogen auf die Diskussion des schwer greifbaren Raums Amateur- und Jugendfußball, formulieren, dass dieser nicht als rein lokales Phänomen betrachtet werden kann. Vielmehr herrschen hier lokale und überregionale Aspekte, Interpretationen und Netzwerke vor, die den Raum insgesamt als eher intransparent erscheinen lassen.

[36] Der Sporthistoriker Dilwyn Porter stellt daher die Bezeichnung *Amateur* generell in Frage, die man ihm folgend, freilich nur im englischen Kontext aufgrund der sprachlich-semantischen und strukturellen Unterschiede zum deutschen Fall, durch *recreational football*, *parks football* oder *grass-roots football* ersetzen sollte (aus einem persönlichen Gespräch).

[37] Insbesondere in höheren Klassen des Amateurfußballs in beiden Ländern sind die finanziellen Aufwendungen oft nicht unerheblich, während die Zuschauerzahlen teilweise auf sehr niedrigem Niveau verbleiben.

Zur Einbettung des später erfolgenden Vergleichs konkreter Restrukturierungsmaßnahmen eines deutschen sowie eines englischen Amateurvereins, die eigenen Sportanlagen als Beispiel ‚materieller Kultur' betreffend, soll im nächsten Kapitel nun zunächst die allgemeinere Frage nach der Konstruktion nationaler Fußballkulturen in postmodernen Kontexten erarbeitet werden: Was also verbirgt sich hinter *Kultur* als Konzept, und wie lässt es sich auf den Fußball beziehen? Schließlich wird historisch auf Schlaglichter des deutsch-englischen[38] Vergleichs eingegangen und es werden Verbindungen zwischen Fußballwelten beider Länder aufgezeigt. Die Bezugnahme auf Krise und Krisennarrative in den jeweiligen nationalen Fußballkontexten leitet dann über zur spezifischeren Thematisierung von Kunstrasenplätzen als Teil materieller Kultur.

3.4 Fußballkulturen

Kultur verorten

Vier Hauptbedeutungen besitzt der komplexe *Kulturbegriff*[39] für Terry Eagleton, der so ein umfassendes Begriffsverständnis skizziert, das u. a. die alte historische Trennung zwischen Hochkultur einerseits und Massen- bzw. Alltagskultur andererseits aufnimmt: „(1) der Bestand an künstlerischen und geistigen Werken; (2) der Prozess geistiger und intellektueller Entwicklung; (3) die Werte, Sitten, Überzeugungen und symbolischen Praktiken, nach denen die Menschen leben; oder (4) eine komplette Lebensweise" (Eagleton 2017, S. 13).[40] Heutige Diskussionen rund um den Kulturbegriff wiederum betonen häufiger die Frage von sozialer und poli-

[38] Obwohl hier dem Umstand Rechnung getragen wird, dass bestimmte Aspekte des Fußballs in Großbritannien eine spezifisch britische Dimension haben (Taylor 2008, S. 12), ist hier ausschließlich die Rede von England.

[39] „Der Kulturbegriff ist in den Sozialwissenschaften (wie im Alltagsleben) nicht nur omnipräsent und inflationär gebraucht, sondern bekanntlich auch schon lange und gerade heute ambivalent positioniert (...). Einzelne Theorieströmungen der Sozialwissenschaften (Rational Choice, Systemtheorie) haben ihn faktisch fast abgeschafft oder marginalisiert. Andere Richtungen halten dagegen nicht nur an ihm fest, sondern halten ihn hoch und stilisieren ihn hoch (Kultursoziologie, Cultural Studies). Bezüglich der ‚Gegenwartssoziologie' (der letzten Jahrzehnte) wird sogar ein ‚cultural turn' behauptet und/oder postuliert. Wie immer es sich damit verhält, von einer überwiegend anhaltenden Gebräuchlichkeit und Konjunktur des Kulturbegriffs kann mindestens die Rede sein" (Willems 2012, S. 160).

[40] Für den Kontext *visueller Kultur* schlägt Kautt (2019, S. 218) vor, Kultur als Umgebung zu verstehen, „deren Anforderungslagen von der Formgebung eines way of life über reflexiv-vergleichende Kultur-Markierungen und Erinnerungspraktiken (Gedächtnis) bis hin zu Knappheitsbewältigungen reichen."

tischer Gleichheit und wie Menschen *Sinn* und *Bedeutung* in ihrem Leben produzieren.[41] Das betrifft vor allem auch Formen, die *Spaß* und *Identität* vermitteln, wie etwa Spiel, Sport oder allgemeiner: Freizeit.[42] Kultur funktioniert dabei als soziale Imagination auf allen Ebenen der Gesellschaft, ist Gegenstand konstanten Wandels und letztlich nur schwer bestimmbar. Ihre jeweiligen Inhalte hängen ab von spezifischen Geschichten, Narrativen, Mythen, (erfundenen) Traditionen, Interpretationen und Praktiken derjenigen Gruppen, auf die sie sich beziehen. Entsprechend liegt es immer in der Perspektive des Betrachtenden bzw. des Sprechenden, was letztlich unter Kultur zu verstehen ist, und der Begriff provoziert häufig falsche *epistemische Prämissen*, wie Seyla Benhabib hervorhebt, nämlich: „(1) that cultures are clearly delineable wholes; (2) that cultures are congruent with population groups and that a noncontroversial description of the culture of a human group is possible; and (3) that even if cultures and groups do not stand in one-to-one correspondence, even if there is more than one culture within a human group and more than one group that may possess the same cultural traits, this poses no important problems for politics or policy“ (Benhabib 2002, S. 3). Die größte Gefahr für das gesellschaftliche Miteinander besteht demnach darin, dass der Begriff *Essentialisierungen* erfährt und dadurch als Besitz einer bestimmten (ethnischen) Gruppe wahrgenommen und Homogenität unverhältnismäßig betont wird.

Der *universelle Kulturbegriff* ist eng verwoben mit demjenigen der *Moderne*, der *Nation* und entsprechend mit der jeweils national unterschiedlichen Ausdeutung der *Aufklärung*.[43] Die Moderne basiert in der hier zugrunde liegenden Betrachtung des Nationalen auf unterschiedlichen Ausprägungen eines *Imaginären*,

---

[41] „Reviewing discussions of culture today within and beyond the academy, one is struck by the obsolescence of the old, value-laden contrast between *Kultur* and *Zivilisation*. What dominates today now is an egalitarian understanding of culture drawn from the social anthropology of Bronislaw Malinowski, Evans Pritchard, Margaret Mead, and Claude Levi-Strauss, who were critical of Eurocentric cultural presumptions. They viewed culture as the totality of social systems and practices of signification, representation, and symbolism that have an autonomous logic of their own, a logic separated from and not reducible to intentions of those through whose actions it emerges and is reproduced“ (Benhabib 2002, S. 3).

[42] Freizeitaktivitäten werden hier allgemein verstanden als freiwillige Aktivitäten, die in ‚freier Zeit‘ ausgeübt werden. Der nicht-professionelle Fußball als Ort der Freizeit gilt z. B. als eines der größten alltagskulturellen Struktursegmente der gesamten Gesellschaft, mit einer besonderen Bedeutung für die Biografien der jeweils Beteiligten. Fußball umfasst als fester Bestandteil des Alltags mehrere Lebensphasen und kann identitätsstiftend wirken. Sport und Fußball gelten auch als ernsthafte Aktivitäten bzw. als ‚ernste Spiele‘ (vgl. Klein und Meuser 2008) oder als Beispiel für *serious leisure* (vgl. Stebbins 2020).

[43] Zur Begriffsentwicklung siehe Williams 1989, Geuss 1999, Waine 2007 und Naglo und Waine 2011. Zur Verortung von ‚Culture‘ in der Soziologie siehe Robertson (1992, S. 32 ff.).

die eine (emotionale) Verbindung zwischen buchstäblich Fremden durch mediale Massenkommunikation erlaubt. Nach diesem Ansatz identifizieren sich Leser von Narrativen sowohl als angesprochenes Publikum als auch mit den Charakteren in den jeweils zirkulierenden Narrativen und schaffen so ein translokales Bewusstsein von Gemeinsamkeit mit Gleichgesinnten durch vorgestellt ähnliche Praktiken.[44] Während Benedict Anderson (1991) in seiner berühmten Studie den *print capitalism* als zentrale Triebfeder in der Konstruktion *vorgestellter Gemeinschaften*[45] sieht, ist es heute sicherlich ein ausgeweiteter *media capitalism* mit seinen elektronisch zirkulierenden Bildern[46] und dazugehörigen Mythen und Narrationen, der die Grundlage der Herstellung solcher Gemeinschaften darstellt, inklusive der Aneignung körperlicher Fähigkeiten im Rahmen der sportlichen Auseinandersetzung, die die vorgestellte Gemeinschaft häufig sowohl mit Leidenschaft, Emotion und gleichzeitig mit Sinn ausstattet (Appadurai 1996, S. 112).[47]

Von der Mitte des 18. Jahrhunderts an besaß *Kultur* zwei ineinandergreifende Bedeutungen im europäischen Kontext. Die erste kennzeichnete den Erwerb verschiedener kultureller Errungenschaften einer einzelnen Person und dessen konsequente Reifung in eine wirklich zivilisierte und gebildete Persönlichkeit. Die zweite Bedeutung verwies, unabhängig von nationalen Ursprüngen, auf die bleibenden Erfolge einer zivilisierten Gesellschaft (z. B. *Renaissance*). Diese Bedeutung wurde im 19. Jahrhundert weiterentwickelt und an die Idee der Nation angepasst. Nun konnte man etwa von italienischer oder russischer Kultur sprechen, die jeweils einen bestimmten Korpus ursprünglicher und charakteristischer Arbeiten, Traditionen usw. im Kontext der Geschichte spezifischer Nationen meinte. Bedeutungsaspekte dieses Kulturbegriffs sind auch heute noch präsent, wenn auch in stark ausgeweiteter Form.

Mit dem Aufkommen totalitärer Massenbewegungen im Europa der 1920er- und 1930er-Jahre entstand ein gewisses ‚Unbehagen' (*Freud*) rund um den Kultur-

---

[44] „The 'We' of nationalism is the tropic embodiment of these two identifications" (Lee und LiPuma 2002a, S. 195 f.).

[45] Nationen können in dieser Hinsicht also grundsätzlich verstanden werden als spezifisch moderne Formen des Imaginären, die eine Verbindung (‚Solidarität', ‚Integration') bzw. gegenseitige Vorstellung faktisch fremder Personen durch Massenkommunikation ermöglichen und im Nationalstaat (‚Anstaltsstaat') im Laufe des 19. Jahrhunderts versachlicht wurde (vgl. Hobsbawm 1992).

[46] Zur Frage wie Bilder die national-identitären Bezüge des Fußballs verstärken siehe Kautt 2014.

[47] „Bewegungen sind Gemeinschaftsakte, und sie ermöglichen eine Beteiligung an der Gesellschaft insgesamt, insofern diese Teilhabe über die Gemeinschaften des Sports hinausgeht" (Gebauer 2003a, S. 14).

begriff, mit der Frage im Zentrum, ob so etwas wie ‚Massenkultur' überhaupt möglich sei und wie diese sich auf das Individuum und die Gesellschaft auswirke. Im Gegensatz zur Verbreitung marxistischer Ideen durch direkten kulturell-politischen Aktivismus (‚Agitprop') verschafften sich einflussreiche *Intellektuelle* Gehör, die Massenkultur und Konsum äußerst skeptisch gegenüberstanden, wie die Vertreter der so genannten *Frankfurter Schule* Max Horkheimer und Theodor W. Adorno (vgl. 2003). Diskussionen in diesen Bereichen begannen bereits in den 1920er-Jahren und wurden von vor dem Nationalsozialismus flüchtenden Intellektuellen wie Hannah Arendt, Mitgliedern der *Frankfurter Schule* oder auch Literaten wie Thomas Mann oder Bertolt Brecht über den Atlantik in die USA getragen und dort neu belebt (vgl. Bahr 2007; Waine 2007). Es gab allerdings in den 1920er- und 1930er-Jahren, trotz des sich verschlechternden sozialen und politischen Klimas, auch Ansätze für kulturellen Optimismus und disziplinierender Selbstoptimierung. Freizeitbereiche wie Sport (Stichwort: *Körperkult*), Theater, Radio oder das Kino zeigten nun beispielhaft den Einfluss von Technologie und Ansätze sozialer und politischer Reformen in Kunst und Unterhaltung und damit einhergehend, wenn auch zögerlich, die Herausforderung alter Konventionen und Einstellungen in Europa durch Neuerungen aus der ‚New World' der Vereinigten Staaten (Naglo und Waine 2011; Jähner 2022, S. 263–304).

Freizeit wurde nach und nach in immer größerem Ausmaß zur Realität für weite Teile der Bevölkerung durch Prozesse des Wandels in der Arbeitswelt. Damit ergab sich zunehmend Freiraum für sowohl leichtere als auch ernsthaftere Unterhaltungsformen, die nun vor allem von neuen Kanälen der Massenkommunikation verbreitet wurden. Das *Radio* war eine dieser technologischen Innovationen als populäres Medium, die sich schnell etablieren und die private Sphäre prinzipiell mit der gesamten Welt in Verbindung setzen konnte. So war es beispielsweise möglich, als Sportfan der Direktübertragung eines Boxkampfs in Chicago oder New York City *live* zu folgen. Hier ist die Gründung der *British Broadcasting Corporation* (BBC) am 1. Januar 1927 als öffentlicher Sender zu nennen, dessen Mission nicht nur darin bestand, Unterhaltung (*Entertainment*) in den Alltag der Bevölkerung zu bringen. Die BBC war außerdem mit einem Bildungsauftrag versehen – ein fraglos lobenswertes und damals sehr innovatives Ideal für die moderne Massengesellschaft.[48] Die Einführung demokratischer Rundfunkpolitik in Deutschland fand wiederum unter erschwerten Bedingungen und zunächst unter Aufsicht der Alliierten nach dem Ende

[48] Die Ambivalenz kultureller Neuerungen lässt sich gut anhand des Radios zeigen, dass zum einen gesellschaftliche Information in einer ganz neuen Dimension ermöglichte. Dies galt allerdings auch für die faschistische Propaganda, die mit dem Radio nun ganz neue Möglichkeiten der Beeinflussung an die Hand bekam.

des *Zweiten Weltkriegs* statt, wobei die BBC insbesondere für die britische Besatzungszone und den Nordwestdeutschen Rundfunk Pate stand (Schildt und Siegfried 2009, S. 58). Die ARD (Arbeitsgemeinschaft der öffentlich-rechtlichen Rundfunkanstalten der Bundesrepublik Deutschland) wurde im Juni 1950 gegründet, und zwar von den Intendanten der sechs öffentlich-rechtlichen Sender – Nordwestdeutscher Rundfunk (britische Besatzungszone), Südwestfunk (französische Zone), Bayerischer Rundfunk, Süddeutscher Rundfunk, Hessischer Rundfunk und Radio Bremen (alle aus der so genannten amerikanischen Zone). Das Fernsehprogramm der ARD ging vier Jahre später als Gemeinschaftsprogramm auf Sendung. Eine zweite Fernsehstation (Zweites Deutsches Fernsehen, ZDF) gab es dann ab April 1963, nach einem relativ konfliktreichen und politisch aufgeladenen Entscheidungsprozess. Gesendet wurde zunächst aus Eschborn bei Frankfurt, später dann und bis heute aus Mainz (ebd., S. 198). In der *Deutschen Demokratischen Republik* wurde das Fernsehen hingegen staatlich gesteuert und 1952 entsprechend das *Staatliche Komitee für Rundfunk* ins Leben gerufen. Dieses Gebilde war direkt dem Ministerrat unterstellt und organisierte den gesamten Fernsehbetrieb in der DDR. Zunächst gab es nur ein Fernsehprogramm, genannt der Deutsche Fernsehfunk (DFF). Ab 1969 wurden zwei Programme ausgestrahlt, nämlich DFF1 und DFF2, die 1972 in DDR1 und DDR2 umbenannt wurden (vgl. Hickethier und Hoff 1998).

Die so genannte ‚Hochkultur' mitsamt ihren vermeintlichen Werten (Kultiviertheit, Zivilisiertheit, klassische Bildung), die ja bereits in den 1920er-Jahren zu erodieren begann, kam in den folgenden Jahrzehnten nun aus verschiedenen Richtungen, wie etwa Theater (siehe als Beispiel Samuel Becketts *Waiting for Godot*) oder Philosophie (z. B. die Arbeiten Herbert Marcuses) zunehmend in die Kritik (vgl. Waine 2007). Zusammenfassend lässt sich zu diesen kritischen Ansätzen sagen, dass sie im Rahmen eines geistigen und kulturellen Vakuums der Nachkriegs- und Nach-Holocaust-Zeit nicht mehr einverstanden waren mit häufig unhinterfragten ‚aufklärerischen' Begriffen wie (sozialer) *Fortschritt* oder *individuelle Reifung* und den Diskurs hierzu von Grund auf verändern wollten. Vor allem seit den 1960er-Jahren[49] entwickelte sich in der Folge die ‚culture from below' bzw. ‚culture of the here and now' und das Konzept *populärer Kultur* fand zunehmend Anerkennung und Öffnung. Diese neue Sicht auf Kultur umfasst eine große Auswahl an Individualisierungstendenzen, subkulturellen Genres, technologischen Traditionen und Innovationen, verschiedenen Medien und generationsübergreifenden Bewegungen, die vor allem von der so genannten *Jugenkultur* (*youth culture*) initiiert

[49] Für die 1950er-Jahre lassen sich natürlich bereits Phänomene wie Andy Warhols *Pop-Art* oder Elvis Presley ins Feld führen sowie Praktiken und Formen des so genannten *Camp* (vgl. Hecken 2009; Sontag 1982).

und inspiriert wurden und werden (vgl. Dietrich und Süß 2023). Diese unterschiedlichen Talente, Moden und Stile artikulieren sowohl reale als auch künstliche oder nur vorgestellte Ideen oder Sehnsüchte bzw. typische Stimmungen der breiten Bevölkerung. Sie kommunizieren diese auf Arten und Weisen, die Sinn, Vergnügen, Genuss, Kritik und Identität an alle gesellschaftlichen Ebenen vermitteln (Naglo und Waine 2011, S. 13). Kultur ist so nach und nach zum Synonym einer gesellschaftlich sozialisierten Imagination auf lokaler, regionaler und nationaler Ebene mutiert. Dies ging einher mit der Bedeutungszunahme *des Körpers*, und zwar nicht nur im Sinne einer post-aufklärerischen Kultur, sondern in Bezug auf alle Bereiche alltäglicher Handlungen im Rahmen des Freizeitverhaltens und sozialer und kultureller Identitätsbildungsprozesse im öffentlichen Raum. Kultur zielte also, in anderen Worten, nicht mehr nur auf den ‚guten Geschmack', d. h. intellektuelle Überlegenheit, Vornehmheit oder abstrakte theoretische Konzepte. Vielmehr betrifft sie von nun an alle Sphären des Alltags – inklusive ‚abweichendes Verhalten' – und beeinflusste deren Praktiken und Wahrnehmungen (vgl. Inglis 2005). Diese Tragweite von *populärer* Kultur wurde im Laufe des 20. Jahrhunderts nach und nach auch von großen Teilen der akademischen Eliten in Europa und weltweit akzeptiert (und teilweise auch propagiert), also ausgerechnet von denjenigen, die bis dahin eher die sogenannte *Hochkultur* verteidigten und die *Massen* für nicht ‚kulturfähig' oder ‚kultiviert' hielten. Nur so konnten die – ursprünglich als vergänglich bzw. oberflächlich wahrgenommen – einfacheren (Alltags-)Aktivitäten wie Feste und Feiern, Musik, Traditionen und Rituale verschiedener sozialer Gruppen, zu denen natürlich auch der Sport zählte, zu Aspekten ‚legitimer Kultur' (Bourdieu) aufsteigen. Diese neuen kulturellen Facetten wurden immer bedeutender und übernahmen zunehmend vormalige Identität und Orientierung vermittelnde Funktionen von Hochkultur oder Religion für die breite Bevölkerung. Die Inklusion der Popkultur in die Diskussion unterstreicht die zentrale Frage in diesem Zusammenhang: Welche Inhalte und Aktivitäten verdienen das Etikett *Kultur*? Und inwiefern haben sich diejenigen Parameter verschoben und erweitert, die vermessen, wie Menschen heutzutage Bedeutung und Sinn in ihrem Leben produzieren?

Sport und Kultur

Welcher Zusammenhang besteht nun genauer zwischen Sport und Kultur, bzw. wo und wie lässt sich der Sport – und damit letztlich auch der Fußball – einordnen? Sport, so kann man zunächst sagen, ist als eine derjenigen Sphären der Alltagswelt vor allem nach dem 2. Weltkrieg in Erscheinung getreten, die an kultureller Bedeutung hinzugewonnen hat. Bestimmte, besonders populäre Sportarten haben fraglos dazu beigetragen, die geografische Kluft zwischen Europa und dem Rest der Welt zu überbrücken. Darüber hinaus haben sie geholfen, Europa politisch, technologisch und kulturell in globalen Netzwerken zu verorten (vgl. Lechner und Boli 2005).

Sport versinnbildlicht auf lokaler, regionaler und nationaler Ebene einige Aspekte, die im Kontext des kulturellen Vakuums in Folge der beiden Weltkriege diskutiert wurden. So könnte man argumentieren, dass die von den verfehlten Ideologien europäischer Politik zurückgelassenen leeren Räume zunehmend von Sport in seinen unterschiedlichen Ausprägungen und *codes* besetzt wurden. Sport spielt dabei eine zentrale Rolle im Rahmen von Freizeitbedürfnissen und dient außerdem als Ersatz für abhanden gekommene, religiöse Bindungen und körperliche Rituale (vgl. Gugutzer und Böttcher 2012), die im Lateinischen Begriff *cultus* ihren Ursprung finden. Wir küren Sportlerinnen und Sportler zu unseren Idolen und verehren sie; wir begeistern uns für athletisches Talent und spezifische sportliche Fähigkeiten; wir durchleben gleichsam ‚metaphysische' Zustände beim Verfolgen des Spiels des vermeintlichen *underdogs* gegen den Favoriten, sei es in der Kreisliga oder während der Weltmeisterschaft. Fans in der ganzen Welt sind eingebettet in vergleichbare Sportstrukturen mit ähnlichen emotionalen Spektren bzw. Erinnerungs- und Bedeutungsnetzen (Inglis 2005). Der Spitzensport der Gegenwart ist dabei sicherlich als Teil der globalen, popkulturellen Unterhaltungsindustrie anzusehen. Gleichzeitig verbindet sich hier die Lebensweise (‚Kultur') oft mit der übertriebenen Verehrung (‚Kult') (vgl. auch Bette 2011).

Man kann die Beziehung zwischen Kultur und Sport auch auf andere Weise in den Blick nehmen. „Was anderes als das, daß man weiß, was man wann und wo und wem gegenüber unter welchen Umständen wie zu tun und zu lassen habe und *warum*, ist im allgemeinsten Sinne dessen, was man gemeinhin darunter versteht, also *Kultur*?" (Hitzler 1991, S. 483) Diese, eine etwas sperrige Definition des Kulturbegriffs enthaltende Frage, stellt Ronald Hitzler in einem Text, der sich damit beschäftigt, ob Sport denn unter Kultur subsumiert werden könne. Er führt nachvollziehbar aus, dass der Versuch, dem Sport einen wie auch immer gearteten (transzendenten) Mehrwert oder ihn als Funktion von irgendetwas auszudeuten, ihm also *per se* einen *höheren Sinn* zuzuschreiben, bereits von einem *ideologisierten Kulturbegriff* ausgeht. Bedenkt man Sport nämlich ganz ohne Kultur, „verschwindet (das Phänomen) ganz einfach, und zurück bleibt ein allem gesunden Menschenverstand widersprechendes, ja ein ganz und gar sinnloses Verhalten" (ebd., S. 485). Abschließend konstatiert er, daran anschließend: „Kultur ist nicht (nur) das Andere, das den Sport ‚prägt', das sich eben *auch* im Sport ausdrückt, vielmehr ist der Sport Sport, weil und indem er Kultur (und in modernen Gesellschaften auch *eine* Kultur) *ist*" (Herv. i. Original, K.N.) (ebd., S. 486). Sport verfestigt sich also, so könnte man sagen, zu einer kulturellen Institution, über die kollektiv geteiltes Wissen gesellschaftlich zirkuliert. „Wenn uns Kultur also Verhaltenssicherheit gewährleisten soll, so kann sie dies nur als kollektiver

Wissensbestand, der geteilten Sinn konstituiert und die Koordination unseres Tuns mit anderen ermöglicht“ (Zifonun 2016, S. 47). Kultur besitzt in diesem Sinne eine zentrale Bedeutung für die Wahrnehmung des Sports als Sport und damit des Fußballs als Fußball im gesellschaftsrelevanten Sinn, „weil sich in ihr Wissen soweit verfestigt, dass es den Charakter objektiver Wirklichkeit annimmt“ (ebd.).

Vorstellungen nationaler Fußballkulturen

Tägliche Fußball-Routinen, entsprechende Mediendiskurse und korrespondierende Narrative sind also die Basis für unsere Vorstellung sprachlich-kultureller, identitätsbezogener Räume des Fußballs, die bei der Definition nationaler oder lokaler Imaginäre und entsprechenden Grenzziehungen helfen. „Das kollektive ‚Wir‘ der Nation kann im Fußball angerufen werden, weil es als Vorstellung neben anderen Identitäts-Rahmen (z. B. des Fußballvereins) bereits existiert“ (Kautt 2014, S. 195).[50] Dabei ist auch zu bedenken, dass Definitionen, Interpretationen und Kontextualisierungen kultureller Phänomene immer abhängig von *Sprache* sind: Sie werden nur durch die Vermittlung einer gesprochenen und geschriebenen Sprache zur erinnerten Erfahrung (vgl. Koselleck 2006). Die Produktion kulturellen Wissens ist in diesem Sinne immer an die jeweiligen (nationalen) Sprachen und deren Räume gebunden und ebenso an den spezifischen historischen Kontext der jeweiligen (nationalen) Diskursgemeinschaft. Das heißt, Sprachen können historische Kontinuität sozialer Gruppen über Generationen hinweg vermitteln, die sich dann über ein gemeinsames Idiom definieren. Sprache, so lässt sich weiter ausführen, besitzt also verschiedene Bedeutungs- und Funktionsdimensionen im sozialen und kulturellen Rahmen. Vor allem ist sie eins der wichtigsten kommunikationsermöglichenden Instrumente. In diesem Sinne kann (relative) sprachliche Übereinstimmung Soziales und letztlich Gesellschaft, Gruppen und eben auch Kulturen, konstituieren, indem sie die Vorstellung einer gemeinsamen Welt vermittelt, in der sie gleichsam als Ausdruck von *Ich* und *Wir* Individualität und Kollektivität repräsentiert. So fungiert sie als Tor zur Vermittlung zwischen Individuum und dem sozialen und kulturellen System sowie umgekehrt, und zwar in einer je spezifischen

[50] Und: „Für die Konstruktion nationaler Gefühlsgemeinschaften ist die Verbildlichung des emotionalen Erlebens beteiligter Akteure vor Ort (insbesondere der Spieler, der Trainer, der Fans) relevant – auch deshalb, weil sie als symbolische Verdichtung von Spielergebnissen (Sieg oder Niederlage) und deren Folgen in Sachen (nationaler) Anerkennung fungieren kann. Schlussendlich ist neben und mit sprachlichen Rahmungen die visuelle Markierung von sozialen Objekten (Dingen, Individuen, Gruppen u. a.) über nationale Zeichen und Symbole zentral. Als äußere Interpretationsklammer legen sie die Zuordnung der anderen genannten Dimensionen als Ausdruck des Nationalen nahe“ (Kautt 2014, S. 212).

sprachlichen Weise. Als gemeinsame (legitime[51]) Sprache dient sie potenziell als Grundlage in Kategorisierungsprozessen und kommuniziert, insbesondere seit dem Anbruch der Moderne, relative Selbst- und Fremdsicherheit als Instrument im Rahmen der Förderung vermeintlicher sozialer Kohäsion. Sie vermittelt Orientierung in einem komplexen und sich schnell ändernden Umfeld, in dem Individuen ihre Welt kognitiv organisieren müssen (vgl. Naglo 2008). Bezogen auf nationale Fußballkulturen scheint es daher wichtig zu sein, wie und in welcher Sprache Menschen über Fußball sprechen, da (mediale) Diskurse potenziell zu kulturellen und sprachlichen Interpretationen nationaler Identitätskonstruktionen werden. „Im Medium der Sprache wird die Aktivierung des nationalen Kollektivs semantisch hergestellt. Die Handhabung der Sprache (etwa in Zeitungsartikeln, K.N.) indiziert dabei, dass das Wissen um ein kollektives ‚Wir' der Nation vorausgesetzt wird."[52] (Kautt 2014, S. 198) *Fußballländerspiele* dienen in diesem Zusammenhang bisweilen als Ersatz militärischer Auseinandersetzungen,[53] aber auch als einheitsstiftender Faktor der Nation im Rahmen der vorgestellten Gemeinschaft.

Die jeweilige *Fußballnationalmannschaft* fungiert in diesem Kontext als *Ikonografie des Nationalen* (Kautt 2014, S. 202) und ihre Spieler mitunter als *Helden* (Bette 2019). Die *Nationalmannschaft* steht bis heute in der Regel für die ‚homogene Nation' bzw. wird als solche wahrgenommen, obwohl soziale Heterogenität bzw. Differenz offensichtlich und die Bezugnahme auf oder die Adaption globaler Muster im Hinblick auf Taktiken und Strategien weitgehend Normalität ist. Der jeweilige *Stil* der Nationalmannschaft wird dann häufig – und paradoxerweise – immer noch identifiziert als Teil einer spezifisch und ‚historisch gewachsenen' Fußballkultur einer Nation und mit bestimmten symbolischen Bedeutungen in Verbindung gebracht (Pyta 2006, S. 2), obwohl er eigentlich *glokaler* Natur ist.[54]

[51] Die *legitime Sprache* ist nach Bourdieu wichtiger Bestandteil und Produkt der *legitimen Kultur* eines Staates: „Mit der Konstituierung des Staates werden auch die Bedingungen für die Konstituierung eines einheitlichen, von der offiziellen Sprache beherrschten sprachlichen Marktes geschaffen: Diese für die offiziellen Räume (Bildungswesen, öffentliche Verwaltungen, politische Institutionen usw.) obligatorische Staatssprache wird zur theoretischen Norm, an der objektiv alle Sprachpraxen gemessen werden" (Bourdieu 1990, S. 21).

[52] Teil des eher impliziten kulturell-semantischen Rahmens sind in dieser Hinsicht gegensätzliche Konzepte in unterschiedlichen Sprachen. Im Deutschen und Englischen sind Oppositionen wie *Kultur* vs. *Culture*, *Zivilisation* vs. *Civilization*, *Kulturindustrie* vs. *Culture Industry* oder *Volkskultur* vs. *Popular Culture* zu nennen (Naglo und Waine 2011; Waine 2007; Koselleck 2006; Fisch 1992).

[53] Norbert Elias verweist in diesem Zusammenhang etwa auf das durch Regeln kontrollierte Gewaltniveau (vgl. Elias 2003).

[54] „Der Held im Fußball ist eine Verkörperung von nationalen Mythen. Von einer deutschen Nationalmannschaft erwartet man Opferbereitschaft, Diszipliniertheit, Fleiß, Kampf bis zum Schlußpfiff" (Gebauer 2003a, S. 20). In den letzten Jahren sind etwa Begriffe wie ‚Demut'

3.4.1 Deutschland vs. England

Schlaglichter des deutsch-englischen Vergleichs nach 1945

Ausgangspunkt dieser weiterführenden Betrachtungen ist nun die Annahme, dass sich die Nationen England und Deutschland für eine vergleichende Analyse im Hinblick auf Konstruktionsprozesse national-gedachter *Fußballkulturen* besonders gut eignen. Der moderne Sport hat – trotz häufig unterschiedlicher (ideologischer) Ausprägungen – in beiden Ländern seit mindestens 150 Jahren einen zentralen gesellschaftlichen Platz inne (vgl. Eisenberg 1999). Insbesondere im Fußballkontext hat sich die Beziehung beider Länder zu einer sich durch eine konstant wandelnde Mixtur rationaler und irrationaler Dialoge, Legenden, Stimmungen sowie ikonischer Momente entwickelt, jeweils tief eingebettet in die Sinnwelten Einzelner, mit jeweils im Wettbewerb stehenden historischen Narrativen (vgl. Wagg 2014; Porter und Wagner 2014). Betont werden müssen an dieser Stelle natürlich auch grundsätzliche Unterschiede zwischen den politisch-historischen Entwicklungspfaden der beiden Länder, die potenziell als Hintergrund für Interpretationen dienen und als solche immer wieder für den öffentlichen Diskurs (‚Erzfeinde') aktiviert werden können. Die deutsche Staatsnationswerdung kommt beispielsweise erst spät im 19. Jahrhundert, ähnlich ihrer Transformation von einem relativ wenig industrialisierten, kontinentalen europäischen Staat in eine moderne, technologisch fortschrittliche Ökonomie, die nunmehr in der Lage ist, mit lange vorher schon etablierten imperialen Mächten wie etwa Großbritannien zu konkurrieren. Was als vornehmlich ökonomische Rivalität beginnt, mündet 1914 in einer umfassenden politischen und militärischen Feindschaft und damit direkt in die Katastrophe des I. Weltkriegs. Diese Feindschaft kann in der Zwischenkriegszeit nur bedingt durch internationale Verträge und Institutionen in den 1920ern eingehegt werden, bevor ein extrem aggressives Deutschland mit der unsäglichen Figur A. Hitler die nächste Katastrophe mit einem unvergleichlichen Vernichtungskrieg heraufbeschwört, charakterisiert durch die prinzipielle Bereitwilligkeit der Deutschen, ihm zu folgen (vgl. Plessner 1969). Man kann ohne Übertreibung behaupten, dass dieses historische Vermächtnis ein (manchmal auch zentraler) Bestandteil

(Synonyme sind Ergebenheit, Opferbereitschaft, Hingabe) oder ‚Gier' (Begierde, Lust, Unersättlichkeit, Verlangen) fester Bestandteil des rhetorischen Repertoires von Trainern in höheren deutschen Ligen. Immer wieder wird von den Spielern, der Mannschaft und bisweilen vom ganzen deutschen Fußball gefordert, ‚demütig' und (gleichzeitig) ‚gierig' zu sein.

der internationalen Fußballspiele beider Länder bis zum heutigen Tage ist, wobei sich dieser Trend in den vergangenen Jahren etwas abgeschwächt hat.[55]

Sinngebenden Bereichen des Alltags kommt seit den 1950er- und 1960er-Jahren – vor allem auch durch die zunehmende Medialisierung[56] und Wahrnehmung von Alltagsprodukten – gesteigerte Bedeutung zu. Die sprichwörtlichen englischen *Swinging Sixties* sind dabei symbolisch von zentraler Bedeutung, beispielsweise in den Bereichen Mode (z. B. Twiggy, Mods), Musik (z. B. Beatles, Stones) oder Film (z. B. James Bond). Der Fußball schaffte es gut, sich in diesem neuen Umfeld zu etablieren, wie Sandbrook für den englischen Fall hervorhebt: „First, it was better suited to the expansion of the media. Football sold more papers than any other sport because it inspired more passionate loyalties. It was also extremely well suited to television, the kinetic appearance of the game and ninety-minute length of matches being much more appropriate for the casual television viewer than the more sedate three-or five-day routine of cricket. Football was even used in the fifties to sell televisions to suspicious shoppers (…). The success of football on television explains why it was so adept at appealing to the middle-class families who would have shuddered at the thought of standing on a rain-swept terrace next to their social inferiors, but were quite happy to watch from the comfort of their living rooms“ (Sandbrook 2006, S. 308). Die *Popkultur* sorgte in England auch für die Zirkulation bestimmter kultureller Facetten und Praktiken in den Stadien, wie beispielsweise die Musik der *Beatles* oder von *Gerry and the Pacemakers*, die dem alten Musicalschlager *You'll never walk alone* neues Leben einhauchten (Irwin 2008, S. 173 ff.; Leue 2023, S. 93–128), oder auch mediale Repräsentationen von jetzt auch so genannten Fußballstars wie *George Best* (‚the fifth Beatle') und *Bobby Moore* (Sandbrook 2006, S. 770; Honigstein 2006).

Deutschland konnte damit zunächst nicht konkurrieren, was auch mit den Nachwirkungen des Kriegs zu tun hatte. Bezüglich des WM-Endspiels von 1966 ist etwa einordnend zu sagen, dass die Stimmungslage in England gegenüber Deutschland zur Zeit des Spiels tendenziell nichts mit dem chauvinistischen Hurrapatriotismus

---

[55] Während der WM 2006 in Deutschland ergab sich kurzzeitig ein vor allem medial transportiertes, scheinbar entspannteres Bild, zumindest in der allgemeinen Wahrnehmung: als ob eine neue Generation von Fußballfans zu beobachten gewesen wäre, die in der Gesamtheit etwas weniger borniert aufträten und – begleitet von einer weniger voreingenommenen und ‚kriegerischen' Presse – ein Fußballfest zusammen mit den deutschen Gastgebern feierten. Dies ist allerdings eher als eine spezifische, medial dominante Interpretation der Fußball-WM 2006 zu sehen, etwa parallel zur positiven Auslegung des Events als ‚Sommermärchen' im deutschen Kontext (Zambon 2025).

[56] „Die Medialisierung – also die medientechnische Begleitung, Aufbereitung und Vermittlung von Events mit und durch Medien – ist eine typische Form der Aufmerksamkeitserzeugung“ (Betz et al. 2016, S. 19).

der folgenden Jahrzehnte zu tun hatte – sieht man einmal von wenigen Ausnahmen ab.[57] Sandbrook schreibt dazu: „Indeed, popular attitudes towards the Germans seem to have been more generous in the fifties and sixties than they were later on, when West Germany's economic miracle inspired British envy and resentment. In December 1954, when the West German football team travelled to London for the first Anglo-German match since the thirties, the war was never even mentioned, either by the players or the press. Four years later, when the West German president made a state visit to Britain, he was warmly greeted by the Queen, who reminded her listeners that both she and her husband were descended from the union of Victoria and Albert" (Sandbrook 2006, S. 316). Auf der deutschen Seite war man zu dieser Zeit vor allem damit beschäftigt, international nicht negativ aufzufallen, weshalb auch hier Zurückhaltung die Devise war, sowohl was die Berichterstattung in den Medien anging als auch die Verortung der direkt Beteiligten: „[Schön] was very well aware that his team represented a country which only 26 years previously had reduced London to rubble. Again and again he drummed the idea into the players that the most important thing, more important than winning, was to behave like gentlemen and sportsmen. So impressive were Schön's lectures that even 30 years later, Hans Tilkowski would say: 'The main thing was that we left a good impression'" (Lichtenberger 2002, S. 181, zit. n. Porter und Wagner 2014, S. 78). In Deutschland kam es dann erst in den 1970er-Jahren zu einer ähnlichen Ästhetisierung des Spiels wie in England – wenn auch mit unterschiedlichen Ausprägungen –, einhergehend mit der Zuweisung des ‚Star-Konzeptes' für Spieler wie Franz Beckenbauer und Günther Netzer (vgl. Waine und Hacker 2014, S. 52).

Transnationale Ligen und ihre Spieler

In einer sehr internationalen Fußballliga wie der englischen *Premier League* – Ähnliches gilt natürlich für alle anderen europäischen Topligen, allerdings nicht im gleichen Ausmaß – tragen beispielsweise (Ex)Fußballer vor allem seit Beginn der 1990er-Jahre und insbesondere seit dem Bosman-Urteil[58] substanziell zur Kon-

[57] In der *Sun* war damals zu lesen: „(…) as the Fatherland are embarrassingly aware, England have never lost to Germany – at soccer either". Und die *Daily Mail* ließ verlautbaren: „(…) if the Germans beat us at Wembley this afternoon at our national sport, we can always point out to them that we have recently beaten them twice at theirs" (Sandbrook 2006, S. 316).

[58] Das Bosman-Urteil geht auf die Klage des gleichnamigen Spielers vor dem Europäischen Gerichtshof im Jahr 1995 zurück, der darin argumentierte, dass die Transferregeln des belgischen Fußballverbands, der UEFA und der FIFA die freie Wahl des Arbeitsplatzes verhinderten. Der Erfolg des Spielers in diesem Verfahren bedeutete die Aufhebung der geltenden Beschränkungen für ausländische Spieler, bekannt als ‚3+2'-System, und erlaubte fortan die freie Wahl des Arbeitsplatzes für Spieler, deren Verträge auslaufen, ohne dass eine Transfersumme von dem neuen Verein zu zahlen wäre (vgl. Taylor 2008, 396).

struktion von Routinen, Diskursen und Narrativen und damit zur Schaffung transnationaler bzw. translokaler Räume bei. Ein Beispiel ist *Uwe Rösler*, bis zuletzt Trainer des VFL Bochum in der zweiten deutschen Liga. Dieser deutsche ‚Stürmer' aus Leipzig spielte in den 1990er-Jahren für Manchester City und entwickelte sich zu einem *lokalen Helden* der City-Fans.[59] Kurz nachdem Rösler Trainer des Vereins Brentford im Juni 2011 wurde, erläuterte er in einem Interview für den britischen *Guardian* (2.9.2011), was ihn am englischen Fußball so faszinierte: „I loved it when I came here. English football is poor. It is honest. It is fast and direct. In the 90s it was not so much about tactics, it was like two boxers hitting each other until one fell down. As a striker, I knew I would get a lot of chances. In Germany there was a lot of man-marking and sweepers, it was much harder to score". Rösler identifizierte mit seiner Aussage nicht nur wahrgenommene Differenzen im Spielstil und diskursiv angenommener Mentalitäten. Er äußerte sich außerdem anerkennend zum sozialen und kulturellen Raum des englischen Fußballs, den er gleichsam mythisch überhöht: „It's how football started in England, back to the roots, an old-fashioned stadium with the houses on either side. Also, when we play good football and get good results, we fill the stadium and it can be intimidating in here".[60] Während es insbesondere seit den 1990er-Jahren viele deutsche Spieler nach England zog und weiterhin zieht (Riedle, Hamann, Hitzlsperger, Havertz, Werner, Wirtz usw.) war dies umgekehrt eher selten der Fall – die bekanntesten Ausnahmen sind wohl Tony Woodcock und Kevin Keegan für die 1970er- und 1980er-Jahre. Neuerdings werden aber regelmäßig insbesondere sehr junge englische Talente von deutschen Vereinen verpflichtet, die sich in der (offensichtlich schwächer eingeschätzten) Bundesliga ‚weiterentwickeln' (z. B. Sancho, die Bellingham-Brüder, Gittens) wollen und sollen.

Fußball ist entsprechend nicht nur als sportlich-soziale, sondern immer auch als räumliche Erfahrung anzusehen, die *on and off the field* stattfindet, dabei immer das Lokale mit dem Nationalen bzw. Globalen verbindet und von bedeutsamen Bereichen sozialer und ökonomischer Unternehmerschaft beeinflusst wird. Analysen

---

[59] Gebauer schreibt: „Das klassische Individuum des Sports, bis heute ungebrochen attraktiv für die Zuschauer, ist der legendenhafte *Held*, der Wunder, Rekorde vollbringt und sich gegen alle möglichen Widerstände durchsetzt. Sein Handlungsmodus ist der Kampf, der Agon, die Überwindung des Zufalls und der Einmaligkeit" (Gebauer 2003a, S. 19). Dies entspricht dem historischen Bild exemplarischer Männer, das insbesondere im Fußball als *Männerdomäne* gesellschaftlich etabliert wird (ebd., S. 20).

[60] Die mythische Darstellung der aggressiv aufgeladenen Atmosphäre in einem kleinen Stadion ist ein Beispiel für die so genannte *sports topophilia* (Bale) und wie sie von Individuen wahrgenommen wird bzw. welche Funktion sie in Narrativen übernehmen kann (vgl. Giulianotti 2005, S. 122; vgl. auch Honigstein 2006).

nationaler Fußballkulturen als Teil von Alltagskultur müssen diese transnationalen oder translokalen Räume des Spiels auch im Vergleich betrachten und sie im relevanten Rahmen einbeziehen – unter Berücksichtigung der Rollen beteiligter Vereine, Verbände, Mannschaften, *Sportprodukte*, Events usw. im Profifußball sowie im nicht-professionellen Bereich des Spiels. Fußball ist dabei idealer Gegenstand zur Auseinandersetzung mit der Frage, wie Praktiken und symbolische Diskurse kulturelles, soziales bzw. politisches Wissen hervorbringen, dieses mit lokalen und globalen Manifestationen verbindet und schließlich wiederum Rückbezüge auf das Nationale erlaubt.

Einwurf: Das Champions League-Finale der Saison 2012/2013 zwischen Borussia Dortmund und Bayern München in Wembley als translokales Happening

Die englischen Medien begrüßten das Champions League-Finale im Jahr 2013 zwischen Borussia Dortmund und Bayern München mit freundlicher Zurückhaltung und anerkennender Bescheidenheit. Verschiedene Zeitschriften und Zeitungen nahmen Versatzstücke aus der jeweiligen Sprache und Popkultur beider Länder und bezogen sie – mal mehr, mal weniger kreativ und geglückt – auf den Ausdruck ‚Football Comes Home'. Einige Artikel setzten sich etwas ernsthafter mit der vermeintlichen Dominanz der Bundesliga-Vereine und deren mutmaßlich überlegener Philosophie auseinander bzw. mit der Frage nach möglichen Lehren, die aus einem rein deutschen Champions League-Finale für das Mutterland des Fußballs gezogen werden könnten. Schließlich fand das Finale im *Wembley-Stadion* statt, an einem Ort also, der Englands einstigen Ruf als Fußball-Großmacht nahezu sinnbildlich verkörpert. Sportlicher Erfolg wurde in den besagten Artikeln häufig gleichgesetzt mit innovativem sozialem, politischem und ökonomisch-strategischem Handeln. So war in der *Financial Times* (24.5.2013) unter der Überschrift ‚Germany shows how to score on and off the football pitch' zu lesen: „Football is not so much coming home as the country who invented the game is being shown a thing or two by its German rival about fostering young talent, learning from mistakes and planning for the long term." Am gleichen Tag fragte der *Guardian*, ob „Britain can learn from the German model?" – mit einem zweiseitigen Artikel unter der *Headline* ‚So how did Germany become the new champion of Europe?'

In einem Land wie England, in dem im Laufe der letzten beiden Jahrzehnte verschiedene große Traditionsclubs von sehr wohlhabenden ausländischen Individuen, wirtschaftlichen Zusammenschlüssen oder staatlichen Akteuren (z. B. aus Saudi-Arabien, den USA oder Russland) gekauft wurden, verglichen die Medien *the English Model* nun äußerst kritisch mit dem deutschen, bzw. mit dem, was man dafür hielt. So lenkten sie die Aufmerksamkeit auf die in Deutschland etablierte

50+1-Regel, wonach die Mitglieder des jeweiligen Vereins immer die Mehrheit der Stimmanteile besitzen müssen.[61] Außerdem wurden die vergleichsweise niedrigen Ticket-Preise in der Bundesliga lobend hervorgehoben. Der *Labour*-Abgeordnete Maurice Glasman folgerte daher: „We have a Champions League final between two supporter-owned and democratically governed football clubs. Tradition and the preservation of institutional virtue are a source of energy and modernization precisely because change and continuity work together."

Diese Diskussionen deuten zumindest die Möglichkeit eines konstruktiven Austauschs zwischen den beiden kulturellen Räumen an, und zwar als Resultat einer sportlichen Begegnung zweier deutscher Mannschaften an einem berühmten englischen Spielort. Hier zeigt sich, positiv gewendet, wie der Fußball unseren Blick vom eigentlichen Spielfeld weiten kann, hin zu einer kritischen Reflexion soziokultureller Prozesse und Strukturen jenseits des Platzes. Das heutige, globalisierte Spiel könnte idealerweise entsprechend helfen, unsere jeweiligen Nationen nicht bloß als festgezurrte, klar definierte und einheitliche Organismen zu betrachten, sondern vielmehr als dynamisch, offen und heterogen (Naglo und Waine 2014). Es stellt sich jedoch die Frage, ob eine solche Sichtweise tendenziell nicht doch etwas Naives in sich trägt: Unter der dominierenden Figur des Weltverbandes, dem notorischen G. Infantino, scheint der globale Profifußball zu einer reinen (und unmoralischen) Geldmaschine zu verkommen (siehe beispielsweise die so genannte *FIFA-Klub-Weltmeisterschaft* oder das Anbiedern an den unsäglichen D. Trump im Vorfeld und während der WM 2026), und gegenwärtig ist niemand in Sicht, der sich diesen krisenhaften Entwicklungen ernsthaft entgegenzustellen vermag (vgl. auch Gmünder und Zeyringer 2018).

Krise im deutschen und englischen Fußball

In Fußballwelten weisen Tendenzen des Wandels im Sinne von Professionalisierung, Modernisierung oder Reorganisierung oft Bezüge zum Konzept *Krise* bzw. zu *Krisennarrativen* auf. Damit verbunden ist regelmäßig die inhärente Aufforderung nach existenzsichernden Handlungen, ein Zusammenhang, der allgegenwärtig in lokalen Fußballdiskursen ist, auch im internationalen Kontext. Die inflationäre Nutzung des Begriffs deutet dabei auf eine eher vage Rhetorik als auf eine spezifische Interpretation von Situationen. Krise bezeichnet entsprechend Brüche in Routinen, die die Legitimität sozialer Welten in Frage stellen, und häufig existenzielle Fragen aufwerfen. Gleichzeitig sind sie nicht selten essenzieller Stimulus und Handlungsmotivation. Krise ist insofern Alltag und als Teil unablässigen so-

[61] Zum Kontext und Ausnahmeregelungen siehe https://www.sportschau.de/fussball/bundesliga/bundesliga-tauziehen-um-fuenfzig-plus-eins-100.html, Zugriff, 17.2.2025.

zialen Wandels der Moderne zu begreifen. In einer soziologischen Perspektive reflexiver Modernisierung (siehe z. B. Beck 1986; Giddens 1991) sind es vor allem Krisenphänomene, aufgrund derer lokale soziale Welten (z. B. des Fußballs) und deren Akteure sich geradezu gezwungen sehen, ihre Identität und zugrunde liegende Erzählungen immer wieder neu zu definieren. Der historische Grundbegriff der Krise weist in diesem Sinn auf Entwicklungen hin, die für die Wahrnehmung Einzelner existenzielle Problemlagen beinhalten kann. „In Krisen werden die habitualisierten Praxisformen, welche mehr oder weniger spezifisch auf die Lösung konkreter Probleme bezogen sind, als untauglich und revisionsbedürftig erkennbar, sie erzwingen ein Bewusstsein des *Nichtwissens*. Eine Krise erfasst dabei häufig nicht lediglich die unzulänglichen Mittel der Problemlösung, sondern schlägt auf die Zielsetzungen durch, auf welche sie bezogen waren" (Kuhn 2014, S. 10).

Im Folgenden geht es um eine bestimmte Nutzung des Krisenbegriffs in *Fußballerzählungen*, indem Situationsdeutungen beteiligter Akteure und deren Konsequenzen analysiert werden. Die eingenommene Sichtweise knüpft dabei an den klassischen Begriff der Krise an, der die problematische Wahrnehmung von Offenheit und Ungewissheit einer Situation unter Entscheidungsdruck thematisiert.[62] Dabei soll zunächst beispielhaft – und als Grundlage für die späteren Fallanalysen – auf unterschiedliche Entwicklungen im Fußball der jüngeren Vergangenheit in England und Deutschland eingegangen werden, die die Wahrnehmung unterschiedlicher Fußballwelten in den beiden Ländern im Rahmen wirkmächtiger, Wandel betonender Krisennarrative, nachhaltig prägten. Die hier thematisierte Krise des englischen Fußballs in den 1980er-Jahren hatte erhebliche Auswirkungen auf die europaweite Entwicklung und Anpassung des Spiels in den 1990er-Jahren bzw. den darauffolgenden. Während das skizzierte Krisennarrativ des deutschen Fußballs sich vor allem auf die Zeit seit den späten 1990er-Jahren bezieht und in erster Linie an sportlichen Leistungen der Nationalmannschaft, einer wegbrechenden Finanzierung durch ausbleibende Fernsehgelder und insbesondere an einem in die Jahre gekommenen System der Talentförderung festgemacht wurde, wird die Krise des englischen Fußballs in den 1980er-Jahren mit überbordender Fangewalt und einer zunehmend maroden Infrastruktur assoziiert.

Die 1980er-Jahre gelten als das Krisenjahrzehnt des englischen Fußballs schlechthin. Als Hauptprobleme können in diesem Zusammenhang der ausgeprägte *Hooliganism* (vgl. Redhead 1997, S. 1–9; Honigstein 2006) einerseits sowie die schlechte Stadien-Infrastruktur andererseits genannt werden, die zu diversen Tra-

[62] „Er [der Begriff der Krise, K.N.] indiziert Unsicherheit, Leiden und Prüfung und verweist auf eine unbekannte Zukunft, deren Voraussetzung sich nicht hinreichend klären lassen" (Koselleck 2006, S. 203).

gödien führten (Taylor 2008, S. 338 ff.). Neben den Fußballkatastrophen in Bradford (*Valley Parade Fire*) und dem Brüsseler Heysel-Stadion (beides 1985), letztere hervorgerufen durch einige englische Hooligans,[63] mit jeweils 55 und 41 Todesfällen, trugen auch zivile Unfälle zur Wahrnehmung extremer Defizite der britischen Infrastruktur bei. Zu nennen sind beispielsweise das Sinken der Fähre *Herald of Free Enterprise* und das Feuer in der Londoner U-Bahn-Station *King's Cross* (beides 1987) bzw. das Feuer am Flughafen in Manchester (1985) sowie der Lockerbie-Absturz (1988) (ebd.). Als am 15. April 1989 im *Hillsborough*-Stadion in Sheffield 96 Besucher beim FA-Cup Halbfinale zwischen dem Liverpool FC und Nottingham Forest ums Leben kamen, nachdem die Polizei durch diverse Fehlentscheidungen die Fanströme in besonders enge Teile des Stadions leitete, sodass viele der Fans in der entstehenden Massenpanik erdrückt wurden, stieß dies grundlegende Änderungen im englischen Profifußball an. Die offizielle Untersuchung wurde im Anschluss von *Lord Justice Taylor* durchgeführt. Dessen im Januar 1990 publiziertes Gutachten, der sogenannte *Taylor report*, legte den Schwerpunkt auf Aspekte der Sicherheit und verlangte nicht weniger als ‚a new ethos in football' (ebd., S. 340). Die äußerst vielfältige und komplexe Debatte im Anschluss sei hier auf zwei wesentliche Punkte reduziert und damit stark verkürzt: Der Bericht forderte die Einführung reiner Sitzplatzstadien (*all seater stadia*), was den englischen Profi-Vereinen im Anschluss zur Auflage gemacht wurde. Dies führte zweitens dazu, dass sich die führenden englischen Vereine von der durch den Verband FA geführten *Football League* abspalteten, vor allem auch um höhere TV-Einnahmen zu erzielen und – für weniger finanzstarke Vereine – um die geforderten Stadien-Umbauten oder Neubauten stemmen zu können, letztlich also, um kommerzielle Unabhängigkeit vom Dachverband durchzusetzen. Im Jahr 1992 fand dann die erste Spielzeit einer neuen Liga unter dem Namen *FA Premier League* statt, die heute als finanzstärkste nationale Liga weltweit gilt.

Im Rahmen dieser wahrgenommenen Krise des englischen Fußballs und spezifischer Reaktionen darauf, ging es also vornehmlich um den Aspekt Sicherheit in all seinen Facetten und eine Neuordnung des Profifußballs insgesamt, der Tendenzen weiterer Kommerzialisierung Vorschub leistete, und in der sich die *Premier League* im Weiteren selbst als Weltmarke bzw. schließlich als beste Liga der Welt propa-

[63] Die UEFA verhängte daraufhin eine Sperre für englische Teams in den europäischen Wettbewerben, die erst in der Saison 1990/1991 aufgehoben wurde, nachdem die Weltmeisterschaft 1990 in Italien die Wahrnehmung änderte. Die *Sunday Times* schrieb im Mai 1985, noch eine Woche vor der Heysel-Katastrophe, über den britischen Fußball, „in crisis: a slum sport played in slum stadiums and increasingly watched by slum people, who deter decent folk from turning up". Siehe auch https://www.theguardian.com/football/2020/jun/02/how-heysel-tragedy-changed-english-football-clubs-banned-europe, Zugriff, 22.7.2025.

gierte, ermöglicht durch die Umverteilung exorbitanter Fernsehgelder. Die Abspaltung unterstrich die Eigenständigkeit des professionellen Elite-Fußballs und vor allem der *Premier League* bzw. deren relative Unabhängigkeit vom nationalen Gesamtsystem. Diese Phase wurde später ergänzt durch einen neuen Schwerpunkt auf der als nicht mehr wettbewerbsfähig wahrgenommenen Jugendarbeit in den 2010er-Jahren und stellt eine nahezu direkte Verbindung zum deutschen Fußball her. Als *role model* wurde in diesem Diskurs häufig auf das deutsche Beispiel verwiesen, insbesondere in Zusammenhang mit dem Champions League Finale zwischen Bayern München und Borussia Dortmund in der Saison 2013/2014 und der langfristigen positiven Entwicklung der deutschen Nationalmannschaft seit 2006 (vgl. Elliott 2014). Im Bereich Nachwuchsförderung hat sich der englische Fußball seitdem stark weiterentwickelt, mit mittlerweile regelmäßigen Erfolgen bei großen Turnierten der Nachwuchsmannschaften, der Frauennationalmannschaft sowie den selbstbewussten und erfolgreichen Auftritten der Nationalmannschaft der Männer bei den Weltmeisterschaften 2018 in Russland und 2022 in Katar, wo die *Three Lions* das Endspiel jeweils nur knapp verpassten. Bei der Europameisterschaft 2024 erreichte das englische Team sogar das Finale, unterlag hier allerdings der spanischen Mannschaft, während die Frauen (*Three Lionesses*) die Europameisterschaft 2025 in der Schweiz bereits zum zweiten Mal in Folge gewannen.

Schauen wir nun auf den deutschen Fußball und seine *re-invention* (Honigstein 2015) nach einer wahrgenommenen sportlichen Krise rund um den Jahrtausendwechsel. In den Jahren 1996 und 1997 konnte die Bundesliga noch einige bemerkenswerte Erfolge verzeichnen. Während die Nationalmannschaft die Europameisterschaft 1996 in England gewann, errangen die beiden Ruhrgebiets-Mannschaften Borussia Dortmund und Schalke 04 im darauffolgenden Jahr bedeutende Siege in den europäischen Wettbewerben gegen die damals jeweils favorisierten italienischen Mannschaften Juventus Turin und Inter Mailand in der Champions League sowie dem damaligen UEFA-Cup, der mittlerweile durch die so genannte Europa League ersetzt wurde. Allerdings hatte die beschleunigte Kommerzialisierung der Bundesliga in den 1990er-Jahren, zum einen durch erhöhte TV-Einnahmen, zum anderen die anschließende Bosman-Gesetzgebung, einen starken Anstieg der Zahl ausländischer Spieler zur Folge, was in Konsequenz einen insgesamt negativen Einfluss auf die Entwicklung deutscher Nachwuchstalente hatte (Elliott 2014, S. 166 f.). Vor diesem Hintergrund lässt sich die hier als bedeutsam erachtete Krise des deutschen Fußballs grob zwischen den Jahren 1998 und 2006 verorten. Als vermeintlich symbolischer Startpunkt ist die relativ deutliche 0:3 Niederlage der Nationalmannschaft gegen Kroatien im Viertelfinale der Weltmeisterschaft 1998 zu nennen. Anschließend wurde das klägliche Ausscheiden des DFB-Teams in der Vorrunde der Europameisterschaft in Belgien und den Niederlanden im Jahr 2000 als Kulminationspunkt einer fatalen Entwicklung gesehen, die sich bereits in den Jahren zuvor angekündigt hatte. Als zentrales Problem galt eine generelle Konzeptlosigkeit im Jugendbereich, die in der öffentlichen Wahrnehmung zu taktischen Defiziten und einer Überalterung der Mannschaft führten (vgl. Schulze-Marmeling 2004). Dies leitete eine Phase der Neuorientierung beim DFB ein, der zügig (2001) ein neues Jugendkonzept entwickelte, in dessen Zentrum seitdem die sogenannten *Nachwuchsleistungszentren* stehen.[64] Außerdem ist der Kollaps des Kirch-Medienimperiums im Jahr 2002 zu nennen, der die Bundesligamannschaften mit einer erheblichen Finanzierungslücke konfrontierte (Mikos 2006, S. 152). Dies forcierte, trotz der Liberalisierung des Spielermarktes durch das Bosman-Urteil, eine verstärkte Bereitschaft der deutschen Lizenzvereine, in den Jugendfußball zu investieren, einhergehend mit einer verstärkten Berücksichtigung von Talenten mit einem sogenannten Migrationshintergrund (Özil, Khedira, Boateng) für die Nationalmannschaft im Kontext einer sich zunehmend verschärfenden ‚Integrationsdebatte' (vgl. Zambon 2025). In Bezug auf den deutschen Profifußball kann also von einer doppelten Krise ausgegangen werden, auf die mit einer strategischen Neuausrichtung des Gesamtsystems reagiert wurde. Die von deutschen Jugend- und Seniorenmannschaften erreichten Erfolge seitdem legen nahe, von einer sehr erfolgreichen Anwendung neuer Strategien zu sprechen. So stellte Deutschland bei der Europameisterschaft 2012 in Polen und der Ukraine mit einem Durchschnittsalter von ca. 25 Jahren die jüngste aller Mannschaften, ganz im Gegensatz zur EM des Jahres 2000.

Parallel zum internen Diskurs des DFB wurde der entsprechende öffentliche Diskurs vornehmlich angestoßen durch den 2004 berufenen Nationaltrainer Jürgen Klinsmann (zusammen mit Joachim ‚Jogi' Löw als Assistenztrainer) und seine *Aufbruchsrhetorik* rund um die WM 2006 in Deutschland, die sich u. a. in einer zunehmenden Beschäftigung mit Taktik und moderneren Strukturen, sich von den vermeintlichen alten deutschen Fußballtugenden wie ‚Rennen, Kämpfen, Effizient-Sein' abhebend, niederschlug, und generell eine Tendenz zur Akademisierung im deutschen Fußball auslöste (vgl. Honigstein 2015). Dem folgte eine öffentliche Debatte hinsichtlich der Idee und der Anwendung moderner Taktiken, die die Macht ambivalenter sprachlicher Setzungen in der Fußballwelt verdeutlicht, wo zustimmende und kritisierende Aussagen gleich wichtig sind und in der Regel nebeneinander geführt werden, da sie jeweils zu kollektiv geteilten Bedeutungsräumen und entsprechenden *social imaginaries* der sozialen Welt gehören (Beichelt 2018, S. 43; Naglo und Waine 2014). Wurde der damalige Bundesligatrainer Ralf Rangnick 1998 beispielsweise noch von der ‚Bild-Zeitung' als ‚Fußball-Professor' verhöhnt, als er die taktische Abwehrformation ‚Vierer-Kette' im *aktuellen sportstudio*

[64] Vgl. https://www.dfb.de/sportl-strukturen/talentfoerderung/start/, Zugriff, 15.7.2025.

des ZDF erklärte,[65] ist die journalistische und akademische (teils obsessive) Auseinandersetzung mit dem Thema Taktik heute weitgehend üblich. Im Gegensatz zu anderen Ländern wurde dieser Prozess in Deutschland jedoch relativ spät und top-down initiiert, was sich beispielsweise in der Fokussierung kognitiver und sozialer Lernziele parallel zu den sportlichen niederschlug. Damit eröffnen sich zusätzlich diskursive Anschlüsse an die Bereiche *Schule* und *Arbeitswelt*, die ja zunehmend in einer netzwerkartigen Verbindung zur Vereinswelt bzw. zum leistungsorientierten Fußball stehen (vgl. Naglo 2025). In diesem Kontext hat sich in seiner Zeit beim DFB insbesondere der ehemalige Spieler und Trainer Matthias Sammer hervorgetan, der mit einem Konzept im Jahr 2006 eine Schuloffensive zur Eliteförderung einforderte, die mittlerweile mit der flächendeckenden Einrichtung der ‚Eliteschulen des Fußballs' als mehr oder weniger umgesetzt gelten kann.[66] Die Grundlage hierfür bildeten die ‚Eliteschulen des Sports', die das System der ehemaligen DDR kennzeichneten und als fertiges und erprobtes Konzept bereits zur Verfügung standen. Das neue System fokussiert die optimale Koordination schulischer und sportlicher Aktivitäten jugendlicher Spitzensportler, insbesondere hinsichtlich des Zeitmanagements. Der vorläufig krönende Abschluss der Entwicklung war dann das Erringen des Weltmeistertitels im Jahr 2014, auf den allerdings nach einer noch beachtlichen Halbfinalteilnahme 2016 bei der Europameisterschaft in Frankreich insgesamt ernüchternde Auftritte bei den WM-Turnieren 2018 in Russland und 2022 in Katar folgten, was sich in einer erneuten Krisenstimmung niederschlug. Der kürzlich abgeschlossene Bau der neuen DFB-Akademie in Frankfurt a.M. als ‚Leuchtturmprojekt' soll nun dazu beitragen, den deutschen Fußball wieder an die ‚Weltspitze' heranzuführen.[67] Tatsächlich hatte sich die Stimmung nach der Berufung von Julian Nagelsmann zum neuen DFB-Cheftrainer wieder etwas zum Positiven gewendet, nach einigen überzeugenden Auftritten und einem nur denkbar knappen Ausscheiden gegen den späteren Europameister Spanien im Viertelfinale der ‚Heim-EM' 2024. Mit dem erneuten Ausscheiden bei der WM 2026 gegen Paraguay wiederum bereits vor dem Achtelfinale befindet sich der Diskurs rund um die Nationalmannschaft nun abermals im Krisenmodus.

Die hier skizzierten Entwicklungen verdeutlichen die jeweils unterschiedlichen Auswirkungen auf das Gesamtgebilde Fußball: Die sportliche und finanzielle Krise führte zu einer kompletten und erfolgreichen Neugestaltung des Systems Jugendfußball auf der höchsten Ebene (DFB, Profivereine) mit starken Auswirkungen auch auf untere Ebenen mit entsprechenden öffentlichen Diskursen und

[65] Vgl. ‚Die Demokratie der Doppel-Sechs', Süddeutsche Zeitung 5.8.2011. Siehe auch https://www.youtube.com/watch?v=YdptfWFOLkQ, Zugriff, 15.7.2025.

[66] Vgl. https://www.dfb.de/mehr-fussball/talentfoerderung, Zugriff, 15.7.2025.

[67] Vgl. https://www.dfb.de/ueber-uns/der-dfb/dfb-campus, Zugriff, 15.7.2025.

den Schlagworten *Verjüngung*, *Elite*, *Fußball in Schulen/Zeitmanagement* und *Taktik*. Dieses System steht momentan wieder in Frage, auf der Grundlage einer wahrgenommenen Krise, die zunächst als ‚Ergebniskrise' der Nationalmannschaft in der ‚Vor-Nagelsmann-Zeit' begann.[68]

Im Vergleich zeigen die beiden Narrative, wie die Interpretation von Problemlagen als Krise bestimmte Themen diskursfähig machen und sie entsprechend mit Bedeutung ausstatten. Dabei verweisen sie in ihrer Bearbeitung in der Regel auf (eine wieder zu erreichende) *Normalität* und einen kommenden Zustand der Ordnung bzw. der Stabilität. Solche Normalitätsfolien sind in der Fußballwelt zentral. Sie dienen als selbstverständliche bzw. stille Voraussetzung unserer Wirklichkeit (*Präsuppositionen*) (vgl. Ernst 2002, S. 30 ff.), die menschliches Handeln erst ermöglichen, da durch die Schaffung eines grundlegend geteilten Wissens so erst Alltag organisiert werden kann. Die Infragestellung oder Enttäuschung dieser Erwartungen führt dann in der Regel zur Krise, im Extremfall kann sie sogar Chaos, Rebellion oder Revolutionen hervorrufen. Normalitätsfolien gehen also gesellschaftlich mit Erwartungshaltungen einher, von denen sich vermeintlich abweichendes Verhalten dann eindeutig unterscheidet.[69] Die Normalitätsfolie fungiert dann als Wissensfolie *normaler Abläufe* der fraglichen Ereignisse und Typen von Aktanten als ‚fundierter Glauben', der sich zu einem Bild verfestigt. Kennzeichen dieses Wissens sind nach Hoffmann (2002, S. 82), dass es a) generalisiert (aus singulären Erfahrungen mit repetitiven Ereignisstrukturen), es b) kategorisiert (weist Ereignisse und Dispositionen als *normal* aus), es c) kollektive, gesellschaftlich erarbeitete Bilder beinhaltet, es d) als Wissen wiederum das Wissen als Operationsbereich hat (Wissen zweiter Stufe), es e) geprägt ist durch nicht-institutionenspezifische (Alltagswissen) sowie institutionenspezifische Kollektivbilder, es f) dynamisch ist (es unterliegt Neuausrichtungen aufgrund sich verändernder gesellschaftlicher Erfahrungen), es g) Erklärungen durch Ursachen und Dispositionen bevorzugt und es h) reflexiv-regulativ ist (in Basiskonstellationen handeln Personen wie die meisten anderen). Normalitätsfolien haben in diesem Sinne einen quasi-empirischen Charakter, die in *generalisierte Propositionen*, also das, was generell behauptet oder geglaubt werden kann, Eingang gefunden haben

[68] So werden auf allen Ebenen etwa des Jugendfußballs Neuerungen diskutiert, sowohl im Bereich des professionalisierten Jugendfußballs der älteren Jahrgänge als auch im Kontext des so genannten Kinderfußballs (‚Funino').

[69] Solche Erwartungen können sprachtheoretisch auch als ‚mentale Schematisierungen' betrachtet werden (vgl. Ehlich und Rehbein 1986). Als ‚kollektives Wissen', an dem sich die Beteiligten orientieren, gewinnen sie so als kontrastive Bewertungsmechanismen an Bedeutung.

und somit als kollektives Wissen der kognitiven Vereinfachung dienen (vgl. Austin 1962; Searle 1969; Ehlich 2007).[70]

Krisen können entsprechend bestimmte Phänomene zu einem Ereignis verbinden. Sie wirken bisweilen integrativ, da sie potenziell die (Re-)Konstruktion von Kollektiven bzw. Kollektivität anschieben. Als Ausdruck einer (existenziellen) Bedrohung sozialer Gebilde sowie für die Infragestellung und gleichzeitige Anrufung von Selbstheilungskräften wird Krise zum bedeutsamen Konzept gesellschaftlicher Selbstbeschreibung und -analyse, und vor diesem Hintergrund in vielen sozialen Zusammenhängen, wie in der Welt des Fußballs, letztlich erwartbar (Mayr 2014, S. 9 ff.). Krisen dienen daher auch als Legitimationsgrundlage für als problematisch wahrgenommene und nicht immer effizienzorientierte Entscheidungen im institutionellen Prozess, wie sich in *Welten des Fußballs* regelmäßig beobachten lässt (vgl. Ziesche 2020).

3.4.2 Sportprodukte als materielle Kultur – Kunstrasenplätze und ihre Neuinterpretationen

Der folgende Abschnitt fokussiert vor diesem Hintergrund nun Strategien, durch die auf der lokalen Ebene des nicht-professionellen Fußballs auf Inszenierungen und Symbole des Weltfußballs Bezug genommen wird: So geht es im Rahmen der Betrachtung des Phänomens *Kunstrasen* im nicht-professionellen Fußball beispielsweise immer auch um Zertifikate des Weltfußballverbands FIFA (*Fédération Internationale de Football Association*) als Qualitätsmerkmal. In Informationsveranstaltungen bekommen Produzenten bzw. Konstrukteure der Plätze von regionalen Verbänden gelegentlich Plattformen zur Produktwerbung geboten, wobei sie beim Anpreisen des jeweiligen Untergrunds regelmäßig auf global agierende Profivereine aus verschiedenen Ländern verweisen, die die jeweilige Variante des künstlichen Rasens in Frage bereits in Gebrauch haben und scheinbar erfolgreich, mindestens aber sehr zufrieden bespielen. Kunstrasenplätze haben sich in den letzten beiden Jahrzehnten zu einem sehr bedeutsamen Teil des organisierten Fußballspiels entwickelt.

Ein vertiefender Blick auf die jüngsten Entwicklungen im deutschen Amateurfußball verdeutlicht außerdem neue Herangehensweisen im Bereich des nicht-

[70] Zu solchen Normalitätsfolien im Fußball gehören beispielsweise auch die oben bereits angesprochenen *ethnisch-nationalistischen Stereotype* bzw. deren Versprachlichung, die die Alltagswelt des Fußballs mitprägen. Der Blick auf Normalitätsfolien legt so die kombinierte Herangehensweise einer Analyse von (sprachlichen) Interaktionen und einer Auswertung medialer Diskurse und ihr zugehöriger Narrative frei und verbindet – in diesem Fall – die ethnisch-nationalistische Kategorisierung mit der Bewertung von Leistung.

professionellen Spiels, die in den letzten Jahren und gegenwärtig vor allem unternehmerische Aspekte im Rahmen der *Modernisierung von Vereinsstrukturen* betonen. Diese Veränderungen deuten eine Neuausrichtung des traditionellen Fußballvereins als der wichtigsten Entität des organisierten Spiels in Deutschland an. Dabei geht es vor allem um den Wandel der Vereine in ökonomisch stärkere, professionellere Einheiten auf unterschiedlichen Ebenen. In dieser Hinsicht wird argumentiert, dass die Grenzen zwischen gemeinnützigem Sport – dem so genannten *Breitensport* – und ökonomischen Bereichen zunehmend verschwimmen, und zwar auch auf den untersten Leistungsebenen. Im Zentrum dieses Wandels steht für Fußballvereine dann häufig die Absicht, einen neuen Kunstrasen zu installieren und/oder neue Gebäude (z. B. Vereinsheim, Kabinen) zu bauen bzw. alte zu renovieren, um die Sportanlage des Vereins zu modernisieren und dadurch insgesamt aufzuwerten. Dem folgt in der Regel der Entwurf einer neuen ökonomischen und sportbezogenen (‚erfolgsorientierten') und manchmal auch sozialen (‚Verhaltenskodex', ‚Diversität') Strategie für die folgenden Jahre. Diese Transformation der traditionellen Institution ‚Fußballverein' symbolisiert in der hier eingenommenen Perspektive eine fortschreitende *Professionalisierung* des Amateurfußballs in Deutschland insgesamt und wird daher im umfassenderen Rahmen unternehmerischen Handelns diskutiert (vgl. Hardy 1986; Porter and Vamplew 2018).

Die Analyse der symbolischen Bedeutung materieller Objekte im Fußball kann gesellschaftliche Vorstellungen, Werte, Ideen, Haltungen und Annahmen der Beteiligten verdeutlichen. Betrachtet man Sportanlagen als *Sportprodukte* in diesem umfassenden Sinn, wird die zentrale Funktion von *material culture* im Sport sichtbar.[71] Vamplew definiert Sportprodukte beispielsweise entlang dreier Kategorien, und zwar *the player product*, *the spectator product*, and the *associated product*, wobei die Sportanlage (*facilities*) in die erstgenannte Kategorie fällt, die wiederum fünf weitere Sektionen aufweist: „(...) games, equipment and costume, instruction and assistance, facilities, and clubs" (Vamplew 2018, S. 660). Die Teilnahme an sportlichen Veranstaltungen sei generell nur unter bestimmten Voraussetzungen möglich – so Vamplew –, und nennt in diesem Zusammenhang vor allem die Verfügbarkeit von Sportanlagen mit Plätzen, Vereinsheimen, Umkleidekabinen, Duschen usw.[72] Sportvereine bieten Menschen entsprechend einen Raum, in dem

[71] „Sport becomes a commodity when either consumers are willing to pay to play or watch it or if it has a potential exchange value rather than merely a use one" (Vamplew 2018, S. 659).

[72] Historisch wurden solche Anlagen zunächst von privaten, später dann auch von kommunalen Akteuren zur Verfügung gestellt, um Menschen die Möglichkeit zu eröffnen, Sport zu treiben, oder sie aus unterschiedlichen sozialen und politischen Gründen dazu zu motivieren (vgl. Holt 1989).

diese gemeinsam einer sportlichen Leidenschaft nachgehen können. Die Struktur dieses Raums beinhaltet gemeinsame Regeln und Vorschriften, die wiederum einen Rahmen abstecken, indem soziale Interaktionen und die Durchführung von Wettbewerben erst möglich werden. Welche soziokulturelle Funktion und Bedeutung kommt nun spezifischer dem hier fokussierten ‚Kunstrasenplatz' zu?

Kunstrasenplätze im Fußball

Kunstrasenplätze sind als relativ neue Erscheinungen zu betrachten. Als Spielflächen, die in den 1960er-Jahren erstmalig in den USA im American Football (auch *gridiron-football* genannt[73]) eingesetzt und seit den 1970ern auch in Deutschland in der ersten Generation für Hockey und deutlich seltener im Fußball genutzt wurden, sind sie im Kontext des professionellen Fußballspiels als reguläre Wettkampfstätten umstritten – als Trainingsplätze sind sie natürlich auch dort mittlerweile von großer Bedeutung.

Die Befürworter der Kunstrasenplätze heben insbesondere die niedrigen Instandhaltungskosten[74] hervor, neben anderen Vorteilen, wie etwa die gleichmäßige Beschaffenheit der Oberfläche (‚Rollverhalten des Balls', ‚perfekte Spieleigenschaften') oder die Belastbarkeit der Spielflächen, unabhängig von den jeweiligen Wetterbedingungen. Als problematische Aspekte werden mögliche negative Konsequenzen für die Natur (‚Nachhaltigkeit', s. u.) und die Frage nach potenziell (langfristigen) gesundheitsschädigenden Folgen (‚Verletzungsanfälligkeit durch besondere körperliche Belastung') angeführt. Naturrasenplätze haben demgegenüber einen stimulierenden Effekt, mit dem Kunstrasenplätze im Vergleich nicht aufwarten können:[75] Der Plan des Fußballweltverbandes FIFA beispielsweise, die Weltmeisterschaft der Frauen in Kanada im Jahr 2015 komplett auf Kunstrasenplätzen auszutragen, hat bei den beteiligten Spielerinnen starke Proteste hervorgerufen und dazu geführt, dass eine Klage gegen den Weltverband u. a. wegen vermeintlich erhöhter Verletzungsgefahr eingeleitet wurde. Nichtsdestotrotz fand die Veranstaltung wie geplant auf Kunstrasenflächen statt, gedacht wohl auch als

[73] *Gridiron* (Gitterrost) bezieht sich auf die klassische Einteilung des *American Football*feldes mit *Yard*linien.

[74] Die *Anschaffungs- bzw. Baukosten* sind hingegen im Vergleich etwa zu Naturrasenplätzen relativ hoch.

[75] Kunstrasenplätze riechen nach Plastik und ändern im Sommer mitunter sogar den Aggregatszustand: Die geschmolzenen Plastikhalme kleben dann an den Schuhen. Andererseits hat – insbesondere im Kinder- und Jugendfußball – eine starke Gewöhnung an die Plätze stattgefunden: Im Gegensatz zum unregelmäßigen Naturrasen rollt der Ball auf Kunstrasen quasi von allein, der Kraftaufwand ist wesentlich geringer. Die Hauptproblematik von Naturrasenplätzen ist zudem, dass sie relativ pflegeintensiv sind (Wasser, Arbeitskraft).

Testlauf für zukünftige Wettbewerbe der Juniorinnen und Junioren sowie der Männer. Während der damalige FIFA-Präsident Joseph Blatter Kunstrasenplätze als bekennender Befürworter für die ‚Zukunft des Fußballs' hielt – und übrigens auch der DFB seit den frühen 2000er-Jahren offensiv für den Bau solcher Anlagen wirbt –, bezeichneten die protestierenden Spielerinnen den Belag als ‚Untergrund zweiter Klasse' und fühlten sich diskriminiert. An dieser Thematik zeigten sich offen auch Machtverhältnisse und Hierarchien im globalen Fußball.

Im Amateurfußball – insbesondere auch der untersten Klassen – hat die Diskussion unterdessen eine andere Stoßrichtung. Hier werden Kunstrasenplätze in der Regel als Ausdruck eines Modernisierungsprozesses der Vereine im Sinne existenzsichernder Maßnahmen gedeutet. Die *Krise*, die es zu überwinden gilt, wird in der Wahrnehmung der Akteure dann durch die überkommenen und nicht mehr zeitgemäßen *Tennenflächen* (‚Aschenplätze') ausgelöst – manchmal sind es auch alte Naturrasenplätze –, die durch die neuen ‚Astro-Turfs' ersetzt werden (sollen). Der Bau von Kunstrasenplätzen im Amateurbereich gilt vielen entsprechend als *Prestigeobjekt* und Modernisierungsmaßnahme, ihre Einweihung wird häufig als großes Event, beispielsweise mit so genannten ‚Einlagespielen', gefeiert, oder sogar von Priestern (‚Platzweihe') durchgeführt, die dem (Plastik)Platz dann ‚Gottes Segen' verleihen.[76] Dies schließt in zweifacher Hinsicht an Entwicklungen im Bereich des professionellen Fußballs an: Zum einen haben sich Stadien in Deutschland vor allem seit der Fußball-WM 2006 zu Vorzeigeobjekten des öffentlichen Raums entwickelt, was eine generelle Aufwertung neuer Plätze nach sich zog. Zum anderen symbolisieren diese Plätze eine *funktionale Differenzierung* (vgl. Schroer 2008), da sie einen Bereich repräsentieren, der vornehmlich für den Fußball konstruiert und von dessen Akteuren genutzt wird. Der Bau dieser Plätze wird dann im Rahmen spezifischer Diskurse eines marktbezogenen Wettbewerbs als alternativlos und vermeintliche Errungenschaft des Vereins und seiner Mitglieder dargestellt. Die optische Gleichartigkeit der Kunstrasenplätze drückt dabei eine zunehmende Standardisierung und damit auch Homogenisierung des öffentlichen Raums aus, die dem Stadionprinzip im professionellen Fußball nahekommt. Kunstrasen bieten in dieser Hinsicht ein ideales Umfeld für die zunehmende kommunikative und praktische bzw. ästhetische Modernisierung des Spiels (Sichwort: *Guardiolisation*), vor allem auch in den untersten Amateurbereichen bzw. im Jugendfußball – ihre Eigenschaften lassen an Versatzstücke anschließen, die aus der kulturellen, medialen Zirkulationssphäre des Profifußballs stammen. Gleichzeitig wird im Rahmen von Legitimitätsdiskursen die Integration der lokalen Gemeinschaft betont. Paradoxerweise sollen also ausgerechnet Plastikplätze ein Authentizitätsver-

[76] Siehe z. B. https://sv-ebnat.de/pressestimmen-zur-einweihung-des-kunstrasenplatzes-und-enthuellung-patenschaftstafel/, Zugriff, 17.7.2025.

sprechen einlösen, in dem sie einerseits die Teilnahme am ‚großen' Fußball suggerieren und andererseits vermeintlich das Lokale integrieren, bei gleichzeitiger Zurückdrängung von Natur.

Die nachhaltige Welt des Kunstrasens

Jüngste Entwicklungen in diesem Bereich verbinden die Zukunft des Kunstrasens häufig mit dem Begriff der *Nachhaltigkeit.* Die Inhalte zu dieser im Folgenden dargelegten Thematik stammen aus einem *Online-Seminar* zum Thema, das gemeinsam von einem Fußball-Landesverband mit einem Hersteller künstlicher Plätze ausgerichtet wurde und an dem der Verfasser aktiv teilgenommen hat. Der einflussreiche und allgegenwärtige Terminus der *Nachhaltigkeit* sei hier in seinen Grundzügen kurz erläutert, um eine begriffliche Basis für die folgende Darstellung zu schaffen.

Zunächst lässt sich sagen, dass es im Zusammenhang von ‚Nachhaltigkeit' immer um irgendeine Form der Kontinuität (vgl. auch *Sustainability* im Englischen oder *Durée* im Französischen) geht. Nachhaltigkeit verweist dabei auf eine ununterbrochene Fortdauer von Weltzusammenhängen und ist in diesem Sinne an bestimmte Bemühungen anschlussfähig, wie „insbesondere die Zielsetzungen eines Schutzes der Ökosphäre, einer stabilen wirtschaftlichen Entwicklung und der gerechten Verteilung der Lebenschancen" (Wöhler 2001, S. 40). Diese stehen dann für eine kontinuierliche und dauerhafte Entwicklung bestimmter sozialer Räume. Besonders interessant für die Betrachtung von Kunstrasenplätzen ist die dem Nachhaltigkeitskonzept inhärente Dichotomisierung von *Kultur* und *Natur* bzw. die Definition als überbrückendes Element. Demnach ist „Nachhaltigkeit (...) ein ‚Quasi-Objekt', das zwischen Natur und Kultur vermittelt." Und: „Nachhaltigkeit integriert die soziale Welt im Namen ‚der Natur'" (ebd.). An diese Aspekte lässt sich anhand der Diskussion zu ‚Nachhaltigkeit und Kunstrasenplätzen' im Rahmen des Online-Seminars anschließen.

Die eingeladenen Referenten des Seminars betonten direkt einführend und explizit vor dem Hintergrund ihres ökonomischen Interesses, dass *zeitgemäße Nachhaltigkeit* ‚Zukunftsfähigkeit und Generationengerechtigkeit' bedeuten würde. Diesem, etwas schwammigen Slogan folgten dann verschiedene Darstellungen, wie man die Lebensdauer der Kunstrasenoberflächen – im Durchschnitt ca. zehn Jahre – umweltverträglich erhöhen kann: Zum einen will die Branche zunehmend auf nachwachsende Rohstoffe setzen, wie etwa Palmöl und Zuckerrohr. Allerdings erfuhr man nichts zu den Abbaubedingungen und der grundsätzlichen Frage, wie ökologisch diese vorgestellten Alternativen konkret sind bzw. ob sie es überhaupt sind.[77] Vielmehr wurde dies im Wesentlichen als gesichertes und nicht zu hinter-

[77] Ein belastbares ‚biologisch-basiertes' Alternativprodukt wurde mittlerweile anscheinend von der ‚Rheinisch-Westfälischen Technischen Hochschule Aachen' entwickelt (siehe https://hochschulsport.rwth-aachen.de/cms/hsz/das-hochschulsportzentrum/pressemitteilungen/~bgtxls/der-kunstrasen-der-zukunft-kommt-aus-aac/, Zugriff, 16.7.2025).

fragendes Wissen präsentiert. Eine weitere Innovation liegt den Referenten zu Folge in der Verwendung von Plastikmüll zum Bau neuer Plätze.[78] Zusätzliche Vorschläge bezogen sich auf eine ortsnahe Produktion sowie eine nachhaltige Entsorgung der alten, nicht mehr zu gebrauchenden Plastikflächen,[79] aber auch auf die Reduktion des Füllgranulats durch vermehrte Pflege:[80] Die EU hat in einer verpflichtenden Richtlinie die Nutzung von Kunstrasensystemen ganz ohne Mikroplastikgranulat als Füllmaterial zur Pflicht gemacht,[81] weshalb nun zunehmend mit vermeintlich umweltverträglichen Materialien wie Kork, Sand oder Naturkautschuk gearbeitet wird, die allerdings vergleichsweise hohe Kosten verursachen. Hervorgehoben im Rahmen der Anpreisung der Plätze wurde die Einordnung der neuen Spielstätten als Facetten globaler, professioneller Fußballkultur, etwa durch die Betonung der Zertifizierung durch die FIFA im Rahmen der Präsentation, oder durch die Nennung von Profivereinen, die sich für bestimmte Kunstrasenprodukte der jeweiligen Firma entschieden haben, wie etwa die TSG Hoffenheim oder Ajax Amsterdam. Was man jedoch vergeblich sucht ist eine vergleichende Einordnung der Plätze, eine detaillierte Aufschlüsselung des ökologischen Fußabdrucks im Kontrast zum Naturrasen oder die Thematisierung der Frage, ob denn die mit dem Bau der Plätze einhergehende Versiegelung des Bodens die Umwelt nicht *per se* stark schädigt. Folgt man der Darstellung der Firmenvertreter – in diesem Fall alle männlich –, sind die Kunstrasenplätze zu 100 % recycelbar und somit jedenfalls als umweltschonend zu betrachten. Eine wie im Nachhaltigkeitskonzept angelegte Dichotomisierung von Kultur und Natur zeigte sich außerdem durch die Betonung bestimmter ‚Vorteile' der unterschiedlichen Platzsorten, wie etwa naturnahes Aussehen, Geruchsfreiheit [sic!], UV-Beständigkeit oder schwere Entflammbarkeit.

Der nun folgende Vergleich zweier ‚Kunstrasenprojekte' im deutschen und englischen Kontext legt hieran anschließend den Schwerpunkt auf Prozesse des Wandels in Verbindung mit Legitimierungsstrategien der beiden Vereine. Welche (symbolische) Funktion kommt dem Kunstrasen im nicht-professionellen Fußball im internationalen Vergleich konkret zu? Und wie lassen sich diese Prozesse in der jeweiligen Fußballkultur verorten und im Kontext von *Glokalisierung* analysieren?

---

[78] Dazu aus der entsprechenden Präsentation und den Feldnotizen: „Der neue Kunstrasen besteht zu 90 % aus Rohstoffen, die aus Abfall gewonnen werden und ist bis zu 100 % rezyklierbar. Diese Systeme sind extrem haltbar, wie der Lisport Test über 300.000 Zyklen belegt."

[79] Die nachhaltige Entsorgung wird zwar von Beteiligten behauptet, scheint in der Realität jedoch eher schwierig zu sein. Siehe z. B. https://www.welt.de/wirtschaft/plus208701557/Aerger-um-Entsorgung-Friedhof-der-Kunstrasenplaetze.html, Zugriff, 16.7.2025.

[80] Eine regelmäßige Pflege der Plätze findet aus meiner persönlichen Beobachtung tatsächlich kaum oder nur selten statt.

[81] Siehe https://www.deutschlandfunk.de/eu-verbot-mikroplastik-kunstrasen-oekologie-100.html, Zugriff, 16.7.2025.

In Fußballwelten

4

4.1 Krise und Transformation im deutschen und englischen Amateurfußball – zwei Kunstrasenprojekte

Welche Vorstellungen des Globalen sowie des Lokalen, des Professionellen und des Amateurhaften, lassen sich im Kontext von Amateurvereinen in Deutschland und England nachvollziehen? Inwiefern führt dieses Spannungsfeld zur Wahrnehmung von Handlungsnotwendigkeiten durch Modernisierungsdruck? Welche daraus entstehenden spezifischen diskursiven und praktischen Aktivitäten lassen sich im Vergleich identifizieren und interpretieren? Und reflektierend auf die konzeptuell-theoretische Ebene: Inwiefern lassen sich Ansätze und Prozesse stärker dynamisch als *Glokalisierungsphänomene* – zwischen Homogenisierungs- und Heterogenisierungstendenzen – interpretieren?

Die zentrale Prämisse des internationalen Vergleichs zwischen dem englischen Verein *Malvern Town FC* und dem deutschen *BSV Bielstein* lautet, dass die sozialen Welten (Strauss 1978, 1993; Zifonun 2016) des deutschen und englischen Amateurfußballs von Beziehungen des Lokalen und Globalen sowie von Elementen aus Amateursport und Professionalismus gekennzeichnet sind. Eine solche Sichtweise betont die Vorstellung, dass das Globale ein Bereich der Imagination ist, welcher letztlich auf der lokalen Ebene analysiert werden muss – die Idee von Globalisierung als einem eindimensionalen Prozess, der vor allem durch Standardisierung gekennzeichnet ist, wird also grundsätzlich in Frage gestellt (Robertson 1992). Die beiden hier herangezogenen Vereine aus Deutschland und England zeigen dabei jeweils spezifische Ausprägungen in ihren Antworten auf globale Fragen und Anstöße, die inhaltlich in einigen Aspekten divergieren und in anderen übereinstimmen. Gemeinsam stellen Unterschiede und Ähnlichkeiten eine Art Muster

K. Naglo, *In Fußballwelten*, Erlebniswelten,
https://doi.org/10.1007/978-3-658-31553-5_4

zur Bewertung des Verhältnisses des Lokalen zum Globalen, des Amateurhaftem zum Professionellen bereit.

Die Methode des internationalen Fallvergleichs ermöglicht insofern nicht nur Einzelphänomene zu dokumentieren, sondern systematisch nach Mustern, Ähnlichkeiten und Differenzen zu suchen, die die Basis für grundlegende analytische Aussagen und entsprechende konzeptuelle Weiterentwicklungen darstellen können. Mit dem empirischen Fokus auf jeweilige Bezüge zu Krise, Wandel und sozialer Unternehmerschaft rücken die konkreten Praktiken in Verbindung mit ihrer jeweiligen Außendarstellung in den Vordergrund. Hier sind insbesondere Ansätze zur Veränderung über den Aus- oder Neubau der eigenen Sportanlage mit je eigenen Praktiken und Begründungen zu nennen, die im Zentrum der jeweiligen lokalen Wandlungsprozesse stehen.

Der Vergleich stellt zunächst einen theoretischen Bezug zwischen Praktiken im Kontext des Amateurfußballs und kulturellen Rahmungen her. Er knüpft dabei an vornehmlich soziologische und kulturhistorische Arbeiten an, die mit den Begriffen der Glokalisierung (Modernisierung, Kultur, Krise), der Sozialen Welten, des Imaginären und der Sozialen Unternehmerschaft arbeiten und den Transformationsprozessen der beiden ausgewählten Vereine vergleichend systematisch nachgeht.

Ehrenamt und soziale Unternehmerschaft in Fußballvereinen: eine kulturhistorische Perspektive

Forschungsarbeiten zu ökonomischen Zusammenhängen haben schon vor geraumer Zeit die Bedeutung freiwilliger Arbeit (*intermediärer Sektor*) im Kontext der Aufrechterhaltung und der Entwicklung des organisierten Sports erkannt, insbesondere im nicht-professionellen Bereich. In der Regel wird argumentiert, dass der Sport nur aufgrund des großen Einsatzes unbezahlter Kräfte kosteneffektiv und gemeinnützig organisiert werden kann. Ein Großteil dieser freiwilligen Arbeit findet statt im Rahmen des *Vereins*, der als zentrale Institution in diesem Zusammenhang angesehen werden kann (zur internationalen Kontextualisierung siehe Vamplew 2016, Nathaus 2012). Umfragen in verschiedenen europäischen Ländern bestätigen, dass Freiwillige verschiedene und zunehmend verantwortliche Funktionen in Sportvereinen übernehmen, wie u. a. Vorstandsmitglied, Schriftführer, sportlicher Leiter, Kassenwart usw. (Andreff 2006, S. 219 f.). In den überwiegend von interessierten und entsprechend in den jeweiligen Verein eingebundenen Mitgliedern verfassten *Vereinschroniken* werden diejenigen, die Woche für Woche mit sehr viel Aufwand und in der Regel ohne finanzielle Entschädigung – Ausnahmen sind in bestimmten Fällen gezahlte, so genannte Aufwandsentschädigungen wie Fahrtkosten etc. – im Verein arbeiten, oftmals besonders gewürdigt (Porter 2019, S. 18). Es wird nun argumentiert, dass die Rolle der Freiwilligen in Sportvereinen insgesamt anspruchsvoller geworden und gewissermaßen einer ‚Professionalisierung' unterzogen worden sei, vor allem hinsichtlich der Verwaltung der Finanzen. Dies gilt zunehmend für Vereine im Wandel, also solche, die bestimmte Ambitionen haben, wie etwa in höheren Ligen zu spielen und/oder ihre Sportanlage zu erneuern. Ging es früher für den Kassenwart oder Schatzmeister im Wesentlichen darum, die Finanzen des Vereins ‚seriös' zu verwalten und sicherzustellen, dass die zusätzlichen Einnahmen durch ein *basic fundraising* (Essens- und Getränkeverkauf während der Spieltage, Wohltätigkeitsbasar, Tombola, Feste usw.) ein zuverlässiges Einkommen sicherten, erweiterte sich diese Rolle zu Beginn des 21. Jahrhunderts deutlich: Vereine, die öffentliche oder private Gelder und Genehmigungen beantragen wollten, sahen sich nun zunehmend gezwungen, mit Sportverbänden, Vertretern kommunaler Verwaltungen und kommerziellen Sponsoren in Verhandlungen zu treten. Waren kleine Fußballvereine in der Vergangenheit noch überzeugt, dass ihre bloße Existenz automatisch als Bereicherung der lokalen Gemeinschaft angesehen wurde, müssen sie sich heute das Wohlwollen der Öffentlichkeit, der Sponsoren und der Dachverbände aktiv erarbeiten.[1] Dies geschieht vornehmlich durch einen besser koordinierten Austausch mit den lokalen Medien und das ‚Polieren' der eigenen Außendarstellung (Internetauftritt!), um Gelder einzuwerben.[2] Es ist daher nur wenig verwunderlich, dass ehrenamtliche Vereinsvertreterinnen und Vertreter mittlerweile häufig zusätzliche Kenntnisse in den Bereichen Buchhaltung, Management, Medienarbeit oder als Juristen vorweisen können (Andreff 2006, S. 220 f.), ähnlich denjenigen, die man benötigt, ein relativ komplex strukturiertes kleines Unternehmen zu führen.

Obwohl sich dieser Transformationsprozess in den letzten Jahren allgemein beschleunigte, sollte das Element historischer Kontinuität nicht außer Acht gelassen werden. Bereits im späten 19. Jahrhundert waren sich die leitenden Akteure in Fußballvereinen bewusst, dass diese, um prosperieren oder auch nur überleben zu können, letztlich wie ein kleines Unternehmen geführt werden mussten (Porter und Vamplew 2018, S. 632 f.). Die erfolgreicheren Vereine in diesem System demonstrierten dabei unternehmerische Fähigkeiten, die langfristig einen Wettbewerbsvorteil bedeuteten. Ähnliche Voraussetzungen gelten noch heute für Amateurvereine, d. h. sie benötigen unabhängig vom sportlichen Niveau eine stabile finanzielle Grundlage: Wenn die laufenden Kosten nicht gedeckt werden können, wird der Verein auch nicht fortexistieren (Vamplew 2018a S. 184). Arbeiten zu sportbezogener (sozialer) Unternehmerschaft betonen daher die Bedeutung

[1] Dies geht beispielsweise einher mit der zunehmenden Bedeutung sozialer Projekte für die Vereine.

[2] Ähnliches lässt sich für Schulen konstatieren.

der Entwicklung strategischer Geschäftskombinationen und das Erschließen neuer marktrelevanter Felder (Porter 2018, S. 648 ff.).

Eine anerkannte und umfassende Definition der Begriffe *Unternehmer* (entrepreneur) und *Unternehmertum* (entrepreneurship) konnte sich allerdings bislang noch nicht durchsetzen. Annäherungsweise hat sich jedoch ein Konsens im Hinblick auf die folgenden Elemente etabliert: Unternehmerinnen und Unternehmer werden demnach als irgendwie entscheidungsbefugte Personen betrachtet, die entweder unabhängig oder als Teil eines Unternehmens arbeiten und im Arbeitsprozess eine Einschätzung unter partiell unsicheren und unübersichtlichen Bedingungen tätigen. Ziel dieses Prozesses ist es letztlich, Möglichkeiten des Profiterwerbs für das jeweilige Unternehmen zu identifizieren (Porter und Vamplew 2018, S. 626–634).

Wie lässt sich nun dieser Versuch einer Definition auf den Bereich des Amateurfußballs übertragen, bei dem das Streben nach Profit *per definitionem* eigentlich nachrangig ist? Die Antwort auf diese Frage verlangt eine Ergänzung der oben formulierten Definition von Unternehmertum um Aspekte wie *innovatives Verhalten* im Allgemeinen und die Erkenntnis bzw. Akzeptanz, dass *Gewinn* unterschiedliche, nämlich sowohl materielle als auch nicht-materielle Formen annehmen kann (Montayne 2006, S. 558). Vamplew entfaltete in diesem Zusammenhang ein Konzept des *sozialen Unternehmertums* (*Social Entrepreneurship*), welches das zentrale Ziel *sozialer Erträge* gegenüber finanziellen Betriebsüberschüssen in den Mittelpunkt rückt. Während der Ansatz des klassischen Unternehmertums grundsätzlich auf das Finanzielle ausgerichtet ist, finden sich in dieser Perspektive auf unteren Ebenen des Amateurfußballs häufiger abweichende Prioritäten bezüglich der zu erreichenden Ziele. Diese beinhalten beispielsweise eine gute Reputation innerhalb der lokalen Gemeinschaft oder das erfolgreiche Umsetzen eines spezifischen Projekts, wie eben den Bau eines neuen Kunstrasenplatzes oder die Installation einer neuen Flutlichtanlage (Vamplew 2018a, S. 187–196). In diesen Bereich fällt beispielsweise auch das Einwerben von Geldern im Rahmen von sogenannten *Integrationsprojekten* und *Preisverleihungen* im Wettbewerb mit anderen Vereinen.[3]

[3] Solche *Integrationsprojekte* und *Preisverleihungen* können kritisch auch als *affirmativ-legitimatorische* Bühne betrachtet werden, auf der eine wirklich kritische Auseinandersetzung mit gesellschaftsrelevanten Themen nicht stattfindet und auch gar nicht stattfinden soll. Die Metapher der Bühne (Stichwort: *Inszenierung*) verweist darauf, dass es nicht lediglich um die Frage divergierender Inhalte geht, sondern vor allem auch um die des Ortes, d. h. darum, wo bestimmte kritische Inhalte im Kontext des organisierten Sports überhaupt legitimerweise geäußert werden können.

Die sozialen Welten des Malvern Town FC und des BSV Bielstein

Der *Malvern Town FC*, gegründet 1946, ist beheimatet im Malvern Hills District in Worcestershire, einer eher ländlichen Gegend in den englischen West Midlands. Der Verein ist im Stadtteil *Pickersleigh Ward* angesiedelt, der als eher sozial schwach einzuordnen ist. Der Ort Malvern mit seinen ca. 30.000 Einwohnerinnen und Einwohnern zeichnet sich insgesamt durch ein ‚Mittelklassenambiente' auf und unterscheidet sich deutlich vom industrialisierten städtischen Umfeld, das man traditionell mit den hier angesiedelten englischen Proficlubs in Verbindung bringt: Die nächstgelegenen *Premier League* und *Championship-Vereine* sind die Top-Clubs *Aston Villa* und *Wolverhampton Wanderers* sowie *Birmingham City* und *West Bromwich Albion*, die alle in einem Umkreis von ca. 40 Kilometern liegen. *Worcestershire* ist außerdem die Heimat einer Anzahl von ‚semi-professionell' agierenden Vereinen, die unterhalb der ersten vier professionellen Liga-Ebenen verortet sind und deshalb als sogenannte *Non League Clubs* firmieren. Der Verein *Kidderminster Harriers* etwa hat zwischen den Jahren 2000 und 2005 professionell in der *English Football League* (EFL) *Division Two* gespielt und ist mittlerweile in der *National League North* aktiv, auf der dritten Ebene der so genannten *Non League Pyramid.* Malvern Town spielt gegenwärtig in der *Southern League Division One South*, einer regionalen Liga für Vereine in den South-West Midlands. Seit dem Aufstieg aus dem *local league football* im Jahr 1955 spielt die so genannte ‚Erste Mannschaft' (*First Team*), die im Fußball international übergreifend als Aushängeschild des jeweiligen Vereins betrachtet wird, nun konstant auf diesem Niveau. Seit kurzem jedoch haben die *Hillsiders*, wie der Verein und seine Mannschaften auch genannt werden, Aufstiegsambitionen. Nach dem ersten Spiel auf ihrem neu gebauten *Third Generation* (3G) Kunstrasenplatz verkündete der Vorsitzende (*Chairman*), dass der Verein nun über die entsprechende Infrastruktur verfüge, den sportlichen Aufstieg bis auf Ebene 3 der Pyramide – und damit in den Profifußball – ins Auge zu fassen. Die ermutigende Zuschauer:innenzahl von 387 an diesem Abend lag jedenfalls ungefähr doppelt so hoch wie der bis dahin erzielte Saisondurchschnitt. Entsprechend positiv und zufrieden äußerte sich auch der Chairman des Clubs in der lokalen Presse (Worcester News, 14. November 2019).

Der BSV (Ballsportverein) Bielstein ist ansässig in einem kleinen Ort (ca. 3200 Einwohnerinnen und Einwohner) im oberbergischen Kreis als Teil der Stadt Wiehl, ländlich gelegen, aber in relativer Nähe zu den städtischen Zentren Köln und Siegen. Der Verein wurde 1929 gegründet und führt laut Angaben auf der eigenen Internetseite mittlerweile 710 ‚aktive' und ‚passive'[4] Mitglieder – davon sind ca. 50

[4] *Passiv* bezieht sich hier auf Mitglieder, die nicht aktiv am Spielbetrieb teilnehmen, trotzdem aber den Mitgliedsbeitrag entrichten und so den Verein unterstützen.

neu aufgenommene Geflüchtete aus verschiedenen Ländern. Weiterhin verfügt der BSV Bielstein über 50 ehrenamtliche Mitarbeiterinnen und Mitarbeiter, 35 Trainerinnen und Trainer, vier Senioren- und Seniorinnenmannschaften, 13 Juniorinnenmannschaften, zwei Inklusionsmannschaften für Menschen mit geistiger Behinderung sowie eine *Powerchair-Football* Mannschaft für Menschen mit eingeschränkter Mobilität.[5] Der Verein besteht nur aus einer Fußballabteilung, ist also ein reiner Fußballverein mit einem durchaus professionell wirkenden Internetauftritt. Dieser wird als sehr bedeutsam für die Außendarstellung angesehen und dient als Kommunikationsplattform sowie als Online-Shop für Fanartikel, in dem beispielsweise Kleidung für Frauen, Männer, Kinder und Babys, Accessoires und Handy-Hüllen käuflich zu erwerben sind. Die Erste Herrenmannschaft des BSV spielte nach dem Abstieg seit 2008 in der zweitniedrigsten Liga des Landesverbands Mittelrhein (Kreisliga C), schaffte dann aber in der Saison 2017/2018 wieder den Aufstieg in die Kreisliga B. In der Spielzeit 2024/2025 konnte dann sogar der Aufstieg in die Kreisliga A (entsprechend die höchste Liga im Kreis) erreicht werden, nachdem man es schaffte, die Meisterschaft in der Kreisliga B zu erringen. Im Gegensatz zum Malvern Town FC verfügt der deutsche Verein über eine Frauenfußballabteilung mit Damen- und Juniorinnenteams unterschiedlicher Altersklassen.[6]

Die Wahl des BSV Bielstein als Fallstudie ist weitgehend durch den offenkundig unternehmerischen Ansatz des von den Mitgliedern gewählten damaligen Vorstands motiviert, der entschied, den Verein zu *re*-strukturieren. Grundlage dieser Entscheidung war eine wahrgenommene Krise, die den Gesamtverein in seiner Existenz zu bedrohen schien. Im Zentrum dieses Prozesses stand das Projekt, einen neuen, qualitativ hochwertigen *Kunstrasenplatz* zu bauen, der den altgedienten und als minderwertig betrachteten *Tennenplatz*, der 1982 wiederum anstelle des ursprünglich dort liegenden Naturrasens verlegt wurde, ersetzen sollte. Dieser Zusammenhang einer wahrgenommenen Krise des Vereins, auf die mit dem Bau einer neuen Sportanlage geantwortet wurde, weist deutliche Parallelen zur Entwicklung des englischen Fallbeispiels Malvern Town FC auf.

Die Vereine und der neue Platz: Existenzielle Krisen und Strategien der Legitimierung

Viele Vereine, die auf einem ähnlichen sportlichen Niveau wie Malvern Town agieren, formulieren eher bescheidene Ansprüche. Ihnen geht es in der Außendarstellung nicht in erster Linie um Titel, Pokale oder Aufstiege, sondern vor allem um

[5] Siehe https: //www.bsv-bielstein.de/teams/inklusion, Zugriff, 16.7.2025.

[6] Siehe https://www.bsv-bielstein.de/teams, Zugriff, 30.7.2025.

‚Spaß‘ und ‚Erholung‘ (*recreation*) (Porter 2019, S. 22). Die Aufgabe der Existenzsicherung stellt sich wiederkehrend von Spielzeit zu Spielzeit, was wiederum impliziert, dass die jeweils zur Verfügung stehenden Ressourcen im Sinne des Vereins möglichst sinnvoll eingesetzt werden müssen. Vereinsarbeit findet also häufig unter prekären Bedingungen statt und eine andere Zielsetzung als die reine Sicherung der Existenzgrundlage ist nur selten denkbar. Wahrgenommene Krisen sind unter den beschriebenen Bedingungen als eine Begleiterscheinung im Lebenszyklus eines Vereins anzusehen, bieten aber auch Möglichkeiten zur Transformation bzw. Modernisierung für den jeweiligen Verein, z. B. durch *symbolisches* bzw. *unternehmerisches* Handeln (Naglo 2018a, b, c, S. 796 ff.).

Die Wahrnehmung einer Krise ist im Amateurfußball also häufig wichtig, um Transformationsprozesse anzustoßen. Für Malvern Town – ähnlich wie beim BSV Bielstein – war eine solche Interpretation der Situation 2013 allgegenwärtig, als die Schuldenbelastung des Clubs von ca. £ 200.000 die Verantwortlichen zwang, das veraltete und marode Stadion zu verkaufen. In diesem Kontext erreichte ein *Save Malvern Town Football Club Consortium* (SMTFCC), das von zwei lokal ansässigen Geschäftsleuten gegründet und geleitet wurde, einen Schuldenaufschub und initiierte in der Folge eine radikale Transformation des Vereins. Der Club sollte demnach fortan nicht mehr von seinen Mitgliedern, sondern von einem Management-Team geführt werden. Die Mitglieder erklärten sich selbst hiermit weitgehend einverstanden (Malvern Gazette, 23. August 2013; 27. September 2013). Da der Verein durch das Konsortium de facto gerettet wurde, gab es in der Folge keinen nennenswerten Widerstand gegen weiterführende strategische Pläne des SMTFCC. Im Zweifel wurde immer wieder rechtfertigend auf die Notlage verwiesen, die zu dem Zeitpunkt herrschte, als das Konsortium seine Arbeit aufnahm: So musste an einem Abend etwa ein Spiel unter Flutlicht abgebrochen werden, weil die Stadt die Stromzufuhr im Stadion unterbrach. Diese Anekdote kann mittlerweile als fester Bestandteil des *Krisen- und Modernisierungsnarrativs* des Vereins gelten. Der Vorsitzende sprach in dieser Hinsicht stolz von einer ‚gigantischen Leistung‘ aller Beteiligten (Malvern Gazette, 20. Juli 2018). In diesem Sinne kann die Krise des Jahres 2013 auch als Teil des *legitimierenden Narrativs* des Managements betrachtet werden.

Die Medienberichterstattung über die beiden Geschäftsleute, die das Konsortium ins Leben riefen und damit den Fußball in der Stadt vermeintlich retteten, konzentrierte sich zunächst auf deren relativ junges Alter, ihr weit verzweigtes lokales Netzwerk sowie die ihnen weitgehend unterstellte Expertise: Sie gehörten zu den jüngsten Besitzern eines Fußballvereins in England und beide leiteten jeweils ein Unternehmen, von denen eines einen klaren Fußballbezug aufwies. Zudem war einer der Besitzer ein aktiver Spieler, während der andere als Trainer der *academy*

(Nachwuchsleistungszentrum) des damaligen Premier League-Vereins *West Bromwich Albion* arbeitete (Malvern Gazette, 27. September 2013). Mittlerweile ist nur noch einer der beiden im Verein tätig, da erstgenannter kurzfristig, aus persönlichen Gründen, sein Amt als Co-Vorsitzender aufgeben musste. Diese unvorhersehbare Entwicklung sorgte zwar kurzzeitig für Irritationen im Umfeld des Clubs (Worcester News, 13. Februar und 6. Oktober 2016), die Struktur des Vereins blieb jedoch insgesamt unangetastet, wenn auch seitdem mit nur noch einem *Chairman.*[7] Es lässt sich festhalten, dass die zentralen Akteure des Konsortiums zwar sicherlich ihr geschäftliches Profil in der lokalen Gemeinschaft im Sinn hatten, dass ihr Einsatz zudem aber – zumindest in der Außendarstellung – auch der Zukunft des Vereins als Ort sozialen Miteinanders in der Stadt zugutekommen sollte. Dies beinhaltete auch das Schaffen einer neuwertigen Sportstätte für die Einwohner der Stadt (Malvern Gazette, 30. Mai 2014). Hier lässt sich grundsätzlich von einem Fall sozialer Unternehmerschaft im Sport sprechen (Ratten und Babiak 2010, S. 483). Strategische Entscheidungen in solchen Kontexten beziehen dabei häufig unterschiedliche Akteure in die Abläufe ein, auch wenn spezifische Interessen voneinander abweichen können.

Nachdem bereits einige der älteren (Hart)Plätze in der Gegend durch Kunstrasenflächen ersetzt worden waren, entschied sich der Vorstand des BSV Bielstein im Jahr 2014 den alten, weitgehend begrenzungsfreien *Tennenplatz* durch eine rundum eingezäunte *Arena* mit einem Kunstrasenplatz als neuer Spielfläche zu ersetzen. Die Mitglieder argumentierten in informellen Gesprächen, dass der alte Hartplatz die Krise verkörpere, in der sich der Verein befunden habe, beispielsweise in Bezug auf die Kernaktivität *Fußball spielen*: „Man kann einfach keinen vernünftigen Fußball auf diesem Platz spielen". Ein weiteres Argument betraf Fragen der Sicherheit und Gesundheit: „Der alte Platz ist so hart und uneben, dass das Spielen darauf wegen der Verletzungsgefahr zu gefährlich ist". Darüber hinaus ging es häufig um die Wettbewerbsfähigkeit des Vereins jenseits der Kernaktivität: „Jeder Verein in der Gegend hat einen besseren Platz und bekommt daher bessere Spieler für die Jugend- und Seniorenmannschaften". Es wurde sogar argumentiert, dass die Gesamtexistenz des Vereins vom Bau des neuen Platzes abhängen würde. Letztgenanntes Argument kann auch als Teil eines integrativen, gleichsam universellen *Krisen- und Modernisierungsnarrativs* verstanden werden – vergleichbar mit demjenigen des Malvern Town FC –, das Gültigkeit und Bedeutung behauptet, unabhängig von lokalen Praktiken, Diskursen und Wertorientierungen.

Bei Mitgliederversammlungen, in einem speziell entworfenen Flyer oder auf der vereinseigenen Website wurde daran anschließend argumentiert, dass der Bau

[7] Siehe https://www.malverntown.co.uk/ClubContacts.aspx, Zugriff, 17.7.2025.

des neuen Kunstrasens langfristig zu einem Anstieg der Mitgliederzahlen führen und die Verpflichtung talentierter Jugend- und Seniorinnenspielerinnen und -spieler möglich machen würde. Darüber hinaus vertrat der Vorstand die Ansicht, dass die im Ort ansässige Schule den Platz benutzen könne, gleichsam als Gesamtstrategie zur Integration der dörflichen Gemeinschaft. Beständiger Teil des legitimierenden Narrativs war die Betonung der visuellen Attraktivitätssteigerung durch den neuen Platz.[8] Ein weiterer Punkt des Vorstands in der Argumentationslinie pro-Kunstrasen betraf direkt die Kernaktivität ‚Fußball spielen': Der neue Untergrund würde demnach die Möglichkeit bieten, professionelleres Training im Hinblick auf die Ausbildung von Spielern in den Bereichen Taktik, Schnelligkeit und Technik zu ermöglichen. Dies auf einem Platz, der das ganze Jahr über (wetterunabhängig) bespielbar sei, dessen Unterhaltung einfacher und günstiger wäre, weshalb – alles zusammengenommen – perspektivisch deutlich weniger Spiele ausfallen würden. Der unterstützende Diskurs versetzte den Verein in die Lage, an den Fußball angrenzende soziale Welten und Sub-Welten, wie die des professionellen Fußballs, die soziale Welt von Geflüchteten oder diejenigen der ansässigen Schule bzw. der dörflichen Gemeinschaft direkt mit dem Kunstrasenprojekt zu verbinden.

Ein weiteres ausgesprochenes Ziel des Vorstands bestand in der vermeintlichen Stärkung der lokalen Gemeinschaft des Dorfes durch kollektive Praktiken im Rahmen des Kunstrasenbaus. Dieses Ziel bot Überschneidungen mit der Notwendigkeit, zur Finanzierung des Projektes neue Sponsoren zu gewinnen. Da der Verein ein beträchtliches Finanzvolumen aufbringen musste, um den neuen Platz *schuldenfrei* zu finanzieren, schickte man beispielsweise Jugendspielerinnen und -spieler zum Sammeln von Spenden im Ort los. Traditionelle Partyevents wie *Halloween* oder *Karneval* und der so genannte, in diesen Projekten allgegenwärtige *Quadratmeterverkauf* wurden ebenfalls genutzt, um Mittel zusammenzutragen und den Beteiligten das Gefühl zu vermitteln, direkt am Projekt zu partizipieren. Die Einwerbung der Gelder wurde von einem eigens zu diesem Zweck eingesetzten Team mit der expliziten Aufgabe organisiert, weitere Sponsoren für das Projekt zu gewinnen. Wichtige Voraussetzung und Forderung seitens der Vereinsführung war dabei immer die uneingeschränkte *Loyalität* der Mitglieder.

Es ließ sich in der Folge beobachten, dass die gemeinsamen Praktiken durchaus einen positiven Effekt auf die vereinsinterne Gemeinschaft hatten, da sich durch die zahlreichen Events und Arbeitseinsätze im Rahmen des Projekts die Zeit vervielfachte, die die Mitglieder in direktem Kontakt miteinander verbrachten. Gleichzeitig wurde der aktive Einsatz für das Projekt von den Verantwortlichen, also über

[8] Laut erwähntem Flyer eine „visuelle Attraktivitätssteigerung des Freizeit- und Sportgeländes in Bielstein".

die reine Entrichtung des Mitgliedsbeitrags hinaus, eingefordert. Die Einwerbung der Mittel mutierte in dieser Zeit zum Zentrum des Vereinslebens, da das ausgesprochene und ständig wiederholte Ziel darin bestand, die ‚neue Ära' des Vereins schuldenfrei anzutreten. Nach Abschluss der Bauarbeiten rund um den neuen Platz und das Vereinsheim organisierte der BSV Bielstein eine Reihe von Events, die die Sichtbarkeit des Vereins in der lokalen Region und die Außendarstellung verbessern sollte.[9]

Die Vision: Der Verein als Unternehmen

Im Rahmen eines internen Evaluationsverfahrens konnten die führenden Persönlichkeiten des Malvern Town FC und des Konsortiums im Juli 2017 auf verschiedene Erfolge ihrer Arbeit verweisen. Sie hatten die Schulden getilgt und so die finanzielle Stabilität des Vereins wiederhergestellt. Darüber hinaus blieb das Stadion im Besitz des Clubs, und man hatte bereits punktuell Verbesserungen an der Anlage vornehmen können. Die erste Mannschaft spielte indes erfolgreich in der *West Midlands Premier League*, wo sie zu den stärkeren Teams zählte. Aber vor allem konnte der Verein behaupten, dass er nun im Zentrum der Gemeinschaft angekommen war (Malvern Gazette, 30 October 2017). In dieser Situation erschien es realistisch, den Club weiter finanziell zu konsolidieren und ihn gleichzeitig auf das Ziel des höherklassigen Fußballs einzuschwören. Das sogenannte *Project 2020*, initiiert im Mai 2018 und abgeschlossen im November 2019, wurde schließlich genau zu diesem Zweck ins Leben gerufen.

Project 2020 verdeutlicht den Wandel des Vereins zu einem sozial agierenden Unternehmen. Mit einem finanziellen Aufwand von rund £ 1.000.000 wurde die gesamte Stadionanlage erneuert. Der Fokus lag auf dem Bau des hochmodernen *3G-Platzes* – gegenwärtig zu betrachten als potentes Symbol der Modernisierung im nicht-professionellen Fußball –, der das Vereinsprofil verbessern und gleichsam materiell die Voraussetzungen schaffen sollte, in die nächsthöhere Liga aufzusteigen. Ein zusätzlicher finanzieller Bonus sollte durch die Vermietung der Anlage erzielt werden, da verschiedene Vereine und Mannschaften in der Umgebung nur eingeschränkten Zugang zu Sportplätzen hatten. Malvern Town konnte so die Auslastung des Stadions weiter maximieren und gleichzeitig daran verdienen. Die vereinsinterne Rhetorik rund um das Projekt bezog sich sowohl auf Professionalisierungsaspekte als auch auf soziales Engagement im weitesten Sinne. Obwohl Malverns Spieler nicht als professionelle Fußballer einzustufen

[9] Ein Beispiel war die Veranstaltung rund um die *DFB-Ehrenrunde*, für die man sich erfolgreich beworben hatte. Siehe https://www.fussball.de/newsdetail/wm-pokal-auf-ehrenrunde-ab-morgen-bewerben/-/article-id/116754#!/section/stage, Zugriff, 17.7.2025.

sind, haben sie doch zumindest laut Außendarstellung des Clubs Zugang zu einer professionellen Maßstäben genügenden Sportanlage.[10] Die Gelder für die neue Anlage stammten aus verschiedenen Quellen, wie etwa Zuschüssen des *Premier League/Football Association's Facilities Fund* (£ 600.000), des *Malvern Hills District Council* (£ 300.000) sowie dem *Football Foundation's Stadium Improvement Fund* (£ 100.000).[11] Außerdem war der Verein in der Lage, weitere £ 50.000 an Sponsorengeldern und Spenden zu sammeln, einiges davon als Spendengeld, anderes in Form von Arbeitseinsätzen von Mitgliedern bzw. Freiwilligen (Malvern Gazette, 9. Mai 2019). Die erfolgreiche Fertigstellung des ambitionierten Projekts illustriert die Vorteile, die durch soziales Unternehmertum entstehen können, wenn strategische Verbindungen mit lokalen Regierungsstellen, Sponsoren und weiteren Akteuren zielführend aktiviert werden. In diesem Fall entwickelten auch Zuschauer und Spieler eine grundsätzlich positive Haltung dem Projekt gegenüber.[12]

Beim BSV Bielstein beinhaltete die Bereitstellung der neuen Anlage eine komplette Umdeutung und Erneuerung des Vereins mit dem zentralen Ziel, zum „führenden Fußballbreitensportverein der Region" aufzusteigen.[13] In diesem Zusammenhang ist, neben anderen Entwicklungen, das neue Vereinsheim bzw. ein neu entworfener Internetauftritt zu nennen. Außerdem hat der Verein mittlerweile einen Ältestenrat, eine Frauenbeauftragte und einen Integrationsbeauftragten – alle in ehrenamtlicher Funktion – ernannt. Der Verein wurde seit der Fertigstellung der neuen Anlage bereits mehrfach für sein soziales Engagement mit Preisen ausgezeichnet, etwa durch den Bundesligaverein Bayer 04 Leverkusen oder durch den Deutschen Olympischen Sportbund (DOSB), im Rahmen des bundesweit angelegten Programms *Integration durch Sport*. Das zeigt eine zunehmend professionelle Haltung und Ausrichtung in Bezug auf Bereiche jenseits der konkreten Kernaktivität – um für Preise berücksichtigt zu werden, müssen in der Regel mehr oder weniger aufwendige Bewerbungen eingereicht werden –, in denen der Verein mit anderen der Region in Konkurrenz steht. Für die diversen Modernisierungsbestrebungen war es jeweils bedeutsam, die Mehrheit der Mitglieder davon zu überzeugen, dass diese strategische Ausrichtung die richtige sei für die Zukunft des Vereins. Die ambitionierte Idee, zum „führenden Fußballbreitensportverein der

---

[10] Siehe malverntown.co.uk/clubinfo/project-2020, Zugriff, 17.7.2025.

[11] Siehe www.footballfoundation.org.uk/funding-schemes, Zugriff,17.7.2025.

[12] So sagte ein langjähriger Spieler am Abend des ersten Matches auf dem neuen Astro-Turf: „I've been here seven seasons and never known it as good as this" […] „the club really means business" (Malvern Town FC match programme, 16. November 2019).

[13] Siehe https://www.bsv-bielstein.de/fileadmin/html/default/media/vereinszeitschrift/2017/#8, Zugriff, 27.7.2025.

Region“ aufzusteigen, wird verbunden mit einer Reihe von Werten, die der Verein in einer öffentlichen Publikation auflistet: Solidarität, Spaß, Gemeinschaft, Erfolg, Fairness, Toleranz, Verantwortungsbewusstsein, Gastfreundlichkeit, Persönlichkeit, Weiterentwicklung.[14] Während die reine Auflistung dieser Werte – typisch für Welten des Fußballs – relativ vage bleibt, argumentierte der 1. Vorsitzende in einem Interview, dass es außerdem Wachstum, Selbstbewusstsein und einem zunehmenden Einsatz von ökonomischer und organisationaler Intelligenz bedarf, um langfristig erfolgreich zu sein. Die für die Strategie des Vereins Verantwortlichen müssten daher konsequenterweise eher wie Geschäftsführende einer „richtigen Firma“ denken und handeln. Er betonte außerdem, dass es keine Stagnation geben dürfe, und dass Fortschritt im Zentrum der Entwicklung des Vereins stünde. Gleichzeitig bezeichnete er die soziale Integration als wichtigsten Aspekt der Vereinsidentität, die ein einladendes Klima für Kinder, Heranwachsende und Geflüchtete schaffen solle.

Diese Sichtweisen offenbaren den zweideutigen Charakter der Strategie des Vereins, die typisch geworden ist für die soziale Welt des nicht-professionellen Fußballs, zumindest in Deutschland. In diesem Zusammenhang ist die strategische Vision des Vereins bedeutsam, vor allem vertreten durch den Vorstand und sich ausdrückend in der Forderung, dass man sich von einem ‚Dorfverein‘ zu einem ‚Kleinunternehmen‘ entwickeln müsse, um konkurrenzfähig zu bleiben. Der 1. Vorsitzende folgerte außerdem, dass der Verein eine beträchtliche Geldsumme verlieren werde, sollte die erste Mannschaft nicht zügig aufsteigen. Für den Fall eines Ausbleibens des sportlichen Erfolgs kündigte er seinen Rücktritt an. In diesem Sinne schreitet die Krise voran, und zwar ohne einen grundlegenden Perspektivenwechsel, sondern lediglich mit einem relativen Wechsel der Fokussierung, während der existenzielle Kampf weiter bestehen bleibt.

In der Saison 2017/2018 verpflichtete der Verein dann einen neuen Trainer sowie eine Reihe neuer Spieler und stieg prompt in die nächsthöhere Spielklasse auf (Kreisliga B), mittlerweile qualifizierte man sich sogar durch sportlichen Aufstieg für die Kreisliga A. In den schwierigen Jahren der gesamtgesellschaftlichen *Corona-Krise* hat der Verein verstärkt die soziale Seite fokussiert. So warb er um die Teilnahme der Mitglieder an einem Inklusionsprojekt der ortsansässigen Sparkasse. Ein weiteres Highlight in dieser Hinsicht ist gegenwärtig die Initiative eines *Powerchair-Football* Angebots.

Was den Malvern Town FC angeht, sei hier erwähnt, dass der Club in einem Folgeprojekt (*Project 2022*) auch die alten Gebäude mit den Umkleidekabinen (*old*

[14] Siehe https://www.bsv-bielstein.de/fileadmin/html/default/media/vereinszeitschrift/2017/#8, Zugriff, 28.1.2020.

dressing room block) renoviert hat, „which is being turned into a Community Hub with multi-purpose rooms suitable for meetings and education, plus modern kitchen facilities."[15] Auf der Internetseite hebt der Verein diesbezüglich ebenfalls soziale Aspekte seiner Restrukturierung hervor.

4.2 Die Herstellung von Globalität im lokalen Kontext als Event – ein Jugendfußballturnier

Arbeiten zum Konzept *Event* und dessen Hybridisierung bereichern ethnografische Untersuchungen, die Phänomene als Sinnphänomene interpretieren und sinnverstehend rekonstruieren, und damit die Analyse von Gegenwartsgesellschaften (vgl. z. B. Betz et al. 2016; Hitzler 2011; Willems 2009, 2012). Daran anschließend wird hier ein internationales U17-Fußballturnier für männliche Jugendmannschaften exemplarisch betrachtet, der so genannte *Westerwälder Keramik-Cup*, der während der Corona-Krise aus unterschiedlichen Gründen eingestellt werden musste. Als Beispiel für Fragen des *Glokalen* bzw. *Translokalen* gilt der Wettbewerb als relevante Version eines Events in der Fußballwelt. Der Keramik-Cup bezog sich zum einen stark auf Versatzstücke des globalen Profifußballs (Kommerzialisierung, Professionalisierung) und verwies durch die internationale Besetzung auf eine *kosmopolitische Ästhetik*. Gleichzeitig vertrat er als lokaler eingetragener Jugend-Förderverein vermeintlich sowohl entsprechende gemeinnützige Interessen als auch vor allem die Interessen lokaler Sponsoren in der Region. Diese Kombination von Elementen legt die Frage von Glokalisierungsprozessen und deren Eigenheiten (Robertson 1992; Krossa 2013) in Theorie und Praxis nahe.

Vor diesem Hintergrund stellen sich die folgenden Fragen: Wie sind die verschiedenen Ebenen des lokalen, nationalen und globalen Fußballs miteinander verbunden und zeigen sich insbesondere im Lokalen? Wie manifestieren sich diesbezügliche Wissensbestände der Fußballwelten? Wie genau werden sie im Rahmen des Events Fußballturnier aktiviert? Anhand eines spezifischen Beispiels sollen also die soziale Welt des Jugendfußballs sowie Events in der Fußballwelt in all ihrer Vielfältigkeit, Vielschichtigkeit und Widersprüchlichkeit gezeigt werden. Soziale Praktiken und abstrakte Konzepte werden dabei in einen konkreten Zusammenhang gebracht.

[15] Siehe https://www.malverntown.co.uk/clubinfo/project-2022, Zugriff, 17.7.2025.

Rahmensetzung

Der organisierte Jugendfußball wird hier zunächst betrachtet als eine *glokalisierte Teilwelt*, in der soziale Akteure globale Prozesse in lokalen Kontexten im Sinne ihrer spezifisch partikularen Interessen und Bedürfnisse interpretieren (vgl. Robertson 1992). Damit schließt der vorliegende Abschnitt an beispielhafte Analysen des Fußballsports über seine Handlungspraxis im Rahmen alltagskultureller Zusammenhänge aus ethnografischer Perspektive an, die im Rahmen sozialwissenschaftlicher Hermeneutik verortet sind (vgl. Zifonun 2016, S. 77), und erweitert diese Herangehensweise um globalisierungstheoretische und -praktische Bezüge (siehe auch Krossa und Naglo 2019; Naglo und Krossa 2022). In dieser Perspektive bedarf das Fußballspiel der beständigen Herstellung und Neugründung durch seine Akteure. So eröffnet sich ein Blick darauf, wie die beteiligten Subjekte im Handeln die gesellschaftliche Teilwelt des Fußballs immer wieder – und zwar situationsbedingt – neu erschaffen (müssen) und welche Hindernisse, Konflikte oder symbolische Bedeutungen dabei wirken (vgl. Soeffner und Zifonun 2006).

Mit der Fokussierung von *Events* geht es grundsätzlich um die Frage, wie solche Veranstaltungen, die üblicherweise mit posttraditionalen Bezügen in Verbindung gebracht werden (Hitzler 1998), in einem Bereich wirken, in dem die Idee der alten Traditionsgemeinschaften mit ihren symptomatischen Verbindlichkeitsansprüchen (noch) zu dominieren scheinen. Methodisch wird ein ethnografischer Ansatz verfolgt (vgl. z. B. Hitzler und Eisewicht 2016; Wetzels 2022), um offenzulegen, wie Subjekte ihre Umwelt, ihre sozialen Beziehungen, Ereignisse und Erfahrungen interpretieren und diesen damit Sinn verleihen. Die Betonung von Fallanalysen ergibt sich in dieser Hinsicht aus der Verortung im Rahmen sozialwissenschaftlicher Hermeneutik und der Betonung von fortlaufenden gesellschaftlichen Konstruktionsprozessen in sozialen Interaktionen des Alltäglichen.

Mit diesem Ansatz soll eine Lücke geschlossen werden, die angesichts der soziologischen Begeisterung für ihren Gegenstand Fußball im Zusammenhang mit sozialen und kulturellen Entwicklungen in Gesellschaften der Gegenwart verblüfft, indem eine Untersuchung des Verhältnisses zwischen der Ebene des nicht-professionellen Sports, die bislang kaum beforscht ist – sieht man von wenigen einschlägigen Arbeiten ab (vgl. z. B. Brandt/Naglo 2025; Zifonun 2016; Naglo 2018a, b, c; Bretschneider 2008; Kellermann 2007; Jütting 2004) –, und den medialen Präsenzen des Profifußballs, zu denen zahlreiche Arbeiten vorliegen, vorgeschlagen wird. So interessiert sich der vorliegende Beitrag für die Praktiken und Rituale, durch die auf der lokalen Ebene des nicht-professionellen Fußballs auf (mediale) Inszenierungen und Disseminationen von Symbolen des Weltfußballs Bezug genommen wird. Auf diesem Weg öffnet sich eine Perspektive auf die Art und Weise, in der Formen der Konstruktion von Lokalität mittlerweile mit einem die lokale Ebene weit hinter sich lassenden *Fußball-Imaginären* arbeiten: Während lokale Vereine und Events einerseits in die Emergenz einer imaginären Vorstellung des großen, d. h. professionellen und internationalen Fußballs einbezogen sind, indem sich in ihren alltäglichen Sport- und Festpraktiken zunehmend Versatzstücke finden, die aus der kulturellen Zirkulationssphäre (vgl. Langenohl 2010, S. 51; Lee und LiPuma 2002a, b) des Profifußballs stammen, bleiben sie andererseits auf lokal spezifische Praktiken, Selbstverständnisse und Gemeinschaften verwiesen. Diese beiden Bezüge müssen nicht im Widerspruch zueinanderstehen. Anzunehmen ist, dass das zunehmende Eintreten von Akteuren aus dem nicht-professionellen Bereich in die kulturelle Zirkulationssphäre des Profifußballs diesen zugleich hilft, Grenzen des Sozialen bzw. Lokalen neu zu bestimmen und stärker zu konturieren. Die Frage nach der Herstellung von Globalität im Lokalen rückt hier entsprechend in den Vordergrund.

Welten des Fußballs und ihre Eventisierung

Die Fußballwelt ist ein Beispiel weltweiter medialer Konnektivität, kultureller Praktiken und Symboliken. Gleichzeitig bildet sie als Sonderwelt spezifische Bestände an Sonderwissen, das sie von anderen Welten abgrenzt. Bei der Analyse spezifischer, sich unterscheidender Fußballwelten ist der Ansatz einer Soziologie sozialer Welten daher sinnvoll (vgl. Zifonun 2016). Soziale Welten (s. o.) konstituieren sich nach diesem Ansatz als Teilzeit-Welten mit mehrfachen, sich unterscheidenden und potenziell wechselnden Mitgliedschaften. Sie sind unterteilt in verschiedene Sphären des Handelns und der Wahrnehmung, verfügen über ihre je eigenen Wissensbestände und repräsentieren Muster und Praktiken sozialer Beziehungen. Dabei sind sie in der Regel um die Ausübung einer Kernaktivität (hier: Fußballspielen) angeordnet (vgl. Strauss 1993; Luckmann 1978). Durch die Betonung von Events im Rahmen der sozialen Welt des nicht-professionellen Fußballs wird nun ein weiteres Konzept der Interaktion in die Analyse eingeführt. Dabei geht es zum einen um Organisationsprinzipien des Vereinsfußballs und zum anderen um deren wesentliche Funktionen bei Prozessen der Selbstkonstituierung, -erhaltung, -wahrnehmung, -legitimation und Identitätsbildung sowie bei der Ausübung der für die soziale Welt spezifischen Aktivitäten.

Ursprünglich kam der *Eventbegriff* in Diskursen der Massenmedien auf und verwies dabei auf die so genannte Spaßgesellschaft, beinhaltete also Vermarktungsaspekte und posttraditionale Bezüge „im Sinne eines Trends zur Veraußergewöhnlichung sozialer Anlässe" (Willems 2012, S. 407) in verschiedenen gesellschaftlichen Bereichen (vgl. Willems 2009; Gebhardt et al. 2000; Hitzler und Pfadenhauer 2001). Es ist in diesem Sinne eine spezifische Variante des Fests, (immer wieder) geplant als einzigartiges Erlebnis, liegt entsprechend im Schnittfeld verschiedener Existenzbereiche und verleiht über ein Gemeinschafts- bzw. Zusammengehörigkeitsgefühl Orientierung. Diese Veranstaltungen werden mit dem expliziten Ansinnen organisiert, zu unterhalten.[16] Willems (2012, S. 407) verweist etwa auf die Inszenierung und Performanz solcher Ereignisse und die Ausbildung eigener *Theatralitätsformen* (Hyper-Ästhetik, Dramatik/Dramatisierung, Spektakularisierung, Euphoriefunktionen).

Nach Hitzler (1998) argumentiert der Eventbegriff mit einer neuen Art von Gemeinschaft, in der Teilnehmer auf maximal viele (Selbst-)Verwirklichungschancen abzielen und von minimalen Verpflichtungen ausgehen. Im hier fokussierten organisierten Vereinsfußball werden solche Veranstaltungen dagegen gerade auch genutzt, um die alten Traditionsgemeinschaften mit ihren charakteristischen Verbindlichkeitsansprüchen zu stärken. Auf diese Weise wird potenziell eine Verbindung zwischen *Traditionalität* und *Posttraditionalität* geschaffen, was auch bedeutet, dass eine gewisse Ambivalenz schwebend gehalten wird. So werden Events im Fußball beispielsweise häufig direkt mit dem Begriff der Gemeinschaft in Zusammenhang gebracht – auch weil paradoxerweise neben der Herstellung des Spektakulären, die Konzepte von *Authentizität* und *Traditionalität* im Fußballkontext symbolisch von besonderer Bedeutung sind.

Der Westerwälder Keramik-Cup als Beispiel eines Fußballevents

Der Westerwälder Keramik-Cup wurde organisiert als ein internationales Hallenfußballturnier, das sich über die Dauer von zwei Tagen erstreckte. Es fand statt in der Kreisstadt Montabaur in der geografischen Region Westerwald im Südwesten Deutschlands, gleichsam in der Mitte von und unweit der beiden städtischen Metropolen Frankfurt und Köln. Das Turnier wurde seit den frühen 1980er-Jahren organisiert, zu Beginn noch in zwei kleineren Orten in der gleichen Region (Siershahn, Wirges), seit Anfang der 1990er-Jahre dann in Montabaur. Die letzte Ausgabe wurde im Jahr 2020 durchgeführt; danach wurde die Organisation des Turniers eingestellt, laut Organisatoren als direkte Folge der *Corona-Krise*.

Charakteristisches Element des Events war ein Teilnehmerfeld, bestehend aus männlichen U17-Jugendmannschaften diverser deutscher Profivereine (im Jahr 2018 u. a. VFB Stuttgart, Borussia Mönchengladbach, Schalke 04) und international renommierter Clubs (im letzten Jahr z. B. Brondby IF, Austria Vienna,

[16] Betz et al. (2016, S. 8) schreiben: „Als *inszeniert* bezeichnen wir Ereignisse, die stattfinden, weil jemand (ein Individuum, eine Gruppe, eine Organisation) mit Gestaltungsabsichten dafür Sorge trägt, dass sie stattfinden. Als *Events* bezeichnen wir wiederum solche inszenierten Ereignisse, welche den daran Teilnehmenden außergewöhnliche, räumlich und/ oder zeitlich verdichtete Erlebnisse (oft unter relativ Gleichgesinnten) versprechen."

Wolverhampton Wanderers) sowie anderer, im Bereich des Fußballs eher exotischer Vereine wie etwa South Carolina United FC (USA) und Team Teikyo Nagaoka High-School (Japan). Das Starterfeld wurde in der Regel komplettiert durch zwei Mannschaften aus der Region: Während die EGC Wirges den Veranstalter repräsentierte und viele der Helferinnen und Helfer aus dem Verein rekrutiert wurden, war eine Mannschaft des Vereins TUS Koblenz als vermeintlich stärkste Mannschaft der erweiterten Region ‚gesetzt', wobei sich die Präferenz für den letztgenannten Verein auch aus persönlichen Kontakten ergab.

Eine Besonderheit des Turniers war, dass die Organisation des Events in einen gemeinnützigen Verein ausgelagert wurde: in den Jugend-Förderverein Westerwälder Keramik Cup e.V. Explizites Ziel des Vereins war laut Satzung die Jugend- und Nachwuchsförderung im Sport. Ein Schwerpunkt der Förderung lag demnach auf der „Integration von Ausländern und Aussiedlern", der „Verbesserung der Situation sozial Benachteiligter", dem „Abbau von Aggressionen und Gewalt in Schule und Freizeit sowie Maßnahmen der Suchtprävention". Als weiteres strategisches Ziel wurde der „Brückenschlag zwischen Sport und Partner/Sponsor" genannt, was aus Sicht der Veranstalter durchaus einleuchtete. Tatsächlich schienen die Hauptziele des Events im Sinne der Ausrichter in der Verbindung von Exklusivität im lokalen Raum einerseits sowie der Herstellung einer Plattform für aus der Region stammende Unternehmen andererseits zu liegen, um die Ausgaben zu decken und das Turnier als lokale Marke zu entwickeln. Der Westerwälder Keramik-Cup als Beispiel für ein Fußballevent verband damit die unterschiedlichen Ebenen des Lokalen, Nationalen und Globalen nahezu idealtypisch. Während es hier im sportlichen Bereich sehr leistungsorientiert zuging und die Betonung auf den ‚Stars von morgen' lag – wobei die Spieler aber aufgrund ihres Alters eben noch keine Profis sind und dies auch nur in sehr seltenen Ausnahmefällen sein könnten –, deutete bereits die Namensgebung (*Westerwald*) die starke Verankerung im Lokalen an.

Im Folgenden wird das Event aus zwei Perspektiven analysiert. Zunächst geht es um seine *integrative Ästhetik*, genauer: um drei zentrale Referenzkonzepte, die dem Turnier eine integrative Ästhetik verleihen, und zwar *Professionalität*, *Kosmopolitismus* und *Lokalisierung*. Die zweite Perspektive wendet sich dem so genannten *Astro-Turfing* zu: Im Vorfeld des Turniers im Jahr 2016 kamen die verantwortlich Organisierenden zu dem Schluss, dass der Wettbewerb durch die Nutzung eines Kunstrasenplatzes verbessert werden könne. Daher entschied man sich, kurz vor Beginn der Veranstaltung, einen geliehenen Kunstrasen in der Halle auszulegen. Das neue Spielfeld führte im Nachgang zu einer *Re*interpretation der Veranstaltung durch die beteiligten Akteure und die lokale Presse. Die Analyse der besonderen Bedeutung des Kunstrasens lässt sich anschließen an Arbeiten und Kontexte, in denen der Begriff des *symbolischen Aktivismus* geprägt wurde, der hier ebenfalls von Relevanz ist und sich ursprünglich auf die Umdeutung von Vereinsidentitäten im organisierten Fußball durch die symbolische Aufwertung von Sportanlagen bezieht.

Das Turnier und sein ästhetischer Rahmen

Drei Referenzrahmen (Professionalismus, Kosmopolitismus, Lokalisierung) versorgen das Turnier mit Bedeutung. Der erste lässt sich mit dem Konzept der *Professionalität* fassen und bezieht sich auf das exklusive Image des Events, das sich über die Jahre eine Reputation erworben hatte, den Zuschauern hochtalentierte Nachwuchsfußballer zu präsentieren, die dann im weiteren Verlauf ihrer Karriere womöglich zu Profispielern werden. Die Exklusivität der Veranstaltung wurde außerdem betont durch die Begleitung der lokalen und regionalen Presse (Zeitung, Fernsehen, Internet) und durch die Vielzahl der involvierten Personen (Teilnehmer, Veranstalter, freiwillige Helferinnen und Helfer, Zuschauerinnen und Zuschauer). Auf der Internetseite gab es beispielsweise eine Sektion mit dem Namen ‚… heute bei den Profis'. Dort wurden Spieler hervorgehoben, die als Jugendliche an dem Turnier teilgenommen hatten und gegenwärtig noch als Profifußballer aktiv sind (prominente Beispiele sind Julian Draxler, Leroy Sané oder Marc-André Ter-Stegen). Da diese Spieler häufig, wie auch die drei genannten, im Ausland tätig sind/waren, gewinnt das Turnier durch diese Beispiele weiter an Nähe zum internationalen Spitzenfußball. Zudem nahmen frühere Profis regelmäßig als Zuschauer und Berater an dem Event teil.

Während des Turniers existierte für so genannte VIPs (*Very Important Persons*) die Möglichkeit, sich in einem speziell dafür eingerichteten Raum aufzuhalten. Hierzu nutzten die Veranstalter einen um-dekorierten Geräteraum in der Halle. VIPs konnten in diesem Kontext frühere professionelle Spieler, lokale Politikerinnen und Politiker oder Geschäftsleute (Sponsoren!) sein, die ein entsprechendes Ticket bekommen haben. Darüber hinaus diente der Raum als Rückzugsort für beteiligte Personen der Mannschaften (Trainer, Spieler usw.). Für solche VIPs wurde auch ein Teil der Tribüne reserviert bzw. abgesperrt. Hitzler und Pfadenhauer (2009, S. 386) beschreiben einen solchen VIP-Raum oder eine *VIP-Lounge* in Bezug auf ein *Techno-Event* als offizielle *Party in der Party*, eine treffende Beschreibung auch für den hier betrachteten Fußball-Kontext. „*Offizielle* Partys *in* der Party sind jene ‚aparten' Geselligkeiten in den sogenannten VIP-Lounges. Die VIP-Lounge ist ein besonderer Raum oder ein sonst wie abgetrennter Bereich innerhalb der Location, in dem normalerweise ein gewisses Kontingent an Freigetränken (selten auch etwas zum Essen) bereitsteht und der eben ‚wichtigen' Menschen vorbehalten ist. Wichtige Menschen sind im wesentlichen solche Personen, die für die Veranstaltung keinen Eintritt bezahlen, sondern Gästestatus haben (weil sie für den jeweiligen Veranstalter eben aus irgendeinem Grunde – direkt oder indirekt – wichtig genug sind, dass er ihnen diese Privilegien zukommen lässt). VIPs sind in der Regel Personen aus dem Szene-Kern und – in begrenztem Umfang – wiederum Freunde von diesen bzw. Freunde der je relativ ‚wichtigeren' von diesen. Menschen in den VIP-Lounges sind sozusagen prototypisch für das, was man in der Techno-Szene ‚Freunde' nennt. Nicht selten besteht deshalb der größte Reiz an VIP-Lounges auch darin, Zutritt zu ihnen zu erlangen. Die Fragwürdigkeit und Fraglosigkeit dieses Zutritts nämlich ist wiederum ein wichtiger, sichtbarer, ja im Hinblick auf Selbstverortung im relevanten Sozialraum *unverzichtbarer* Gradmesser für das Maß der je eigenen Zugehörigkeit zu denen, die eben ‚dazugehören'."

Am Abend des ersten Turniertages fand regelmäßig ein so genannter *VIP-Empfang* statt, an dem vor allem Repräsentanten der teilnehmenden Mannschaften, Sponsoren sowie die Veranstalter und Freiwillige (z. B. die Helfer oder die so genannten Teambetreuer) teilnahmen. Dort wurde ein Programm präsentiert, in dessen Rahmen etwa lokale Tanzgruppen auftraten und die Teams durch Vertreter die Möglichkeit bekamen, sich vorzustellen und dem Veranstalter zu danken. Wann auch immer sich die Möglichkeit ergab, wurde (etwa in Interviews) die Bedeutung des Turniers als exklusives Markenzeichen der Region hervorgehoben. Außerdem bekam jede Mannschaft einen spezifischen Sponsoren zugeordnet. Es war ein ausdrückliches Ziel des Empfangs, Sponsoren und Repräsentanten der Mannschaften via geplanter Sitzordnung zusammenzuführen. Insofern kann auch der VIP-Empfang als *Event im Event* interpretiert werden, der vor allem zu Werbezwecken und zur Vernetzung diente. Der professionelle bzw. exklusive Aspekt der Veranstaltung wurde weiterhin betont durch Videos, die vom Veranstalter in Auftrag gegeben und auf *youtube* bereitgestellt wurden, die so genannten *After Movies*. Im Wesentlichen bestanden diese aus ikonenhaften Bildern der Spieler und Interviewsequenzen mit Spielern, Trainern und Sponsoren. Hier wurden wiederum vor allem der professionelle Charakter des Turniers und der Nutzen für die lokale Wirtschaft hervorgehoben.[17]

Der exklusive, Professionalität transportierende Aspekt überlappte mit dem zweiten Referenzrahmen des Events, dem *kosmopolitischen Flair*. Während die Exklusivität im Lokalen allgegenwärtig und die Konstruktion und Zirkulation von kulturellem sowie sozialem Kapital offensichtlich war, verlieh die akzentuierte Internationalität dem Turnier ein ebenso offenes wie inklusives Potenzial. So wurden etwa die wichtigsten Überschriften auf der Internetseite des Turniers ins Englische übersetzt und standen somit symbolisch gleichrangig neben den deutschen

[17] Vgl. https://www.youtube.com/watch?v=NYJxUyFQ6e4, Zugriff, 27.7.2025.

Termini.[18] International war auch das Teilnehmerfeld, mit Mannschaften aus den USA, England, Österreich und Japan. Vor allem die Spieler aus Japan zeigten regelmäßig symbolisch nationale Insignien wie Umhänge, Flaggen und Hüte mit dem typischen roten Sonnensymbol beim Einlaufen vor den Spielen, wobei sie mit den Zuschauern interagierten. Dabei zelebrierten sie Praktiken, die vermeintlich ihrer ‚Kultur' zugeordnet werden können. Die Spieler bewegten sich frei im Zuschauerraum und waren so jederzeit zugänglich, z. B. für *Autogrammjäger*. Die körperliche Nähe zwischen den Beteiligten ist ein wichtiges Element beim Hallenfußball und vermittelt den Zuschauerinnen und Zuschauern, Teil des Events zu sein und praktisch zu partizipieren, im Gegensatz zum draußen in großen Stadien stattfindenden professionellen Fußball, der andere Arten von Begrenzung kennt (vgl. hierzu Schroer 2008). Die kosmopolitische Ausstrahlung des Turniers fügte sich so in die lokale Sozialität ein und verlieh dem Event spezifischen Sinn und Bedeutung. In diesem Kontext fand entsprechend eine vornehmlich rhetorische Interpretation kultureller Differenzen als *ästhetischer*, also prinzipiell interessanter, nicht wirklich abgrenzender oder gar potenziell konfliktträchtiger Differenzen statt (vgl. Langenohl 2015a, S. 200 ff.). Das ist vergleichbar mit Eigeninterpretationen im Rahmen der Fußball-Weltmeisterschaft, insbesondere während der Eröffnungs- und Abschlussfeierlichkeiten. Allerdings erhalten internationale Veranstaltungen wie die Letztgenannte ihre Legitimität erst durch die Artikulation kultureller Differenz und eben *nicht* durch ihre Auflösung.

Zusammen mit Professionalität und Kosmopolitismus wird nun als dritter Referenzrahmen *Lokalisierung* im Sinne einer Herstellung von Lokalität oder Translokalität (vgl. Langenohl 2015a; Appadurai 1996) herangezogen, die im Kontext des Westerwälder Keramik-Cups allgegenwärtig war und als dauernder Bezugspunkt *Selbst-Referenzialität* verdeutlichte. Lokalität wird hier nicht auf einen physischen Ort reduziert: vielmehr konstituiert sie sich erst durch eine Konzentration signifikanter, systematisch Sozialität generierender Beziehungen in einem bestimmten Raum, im Sinne diverser Begrenzungsstrategien. Mit Langenohl kann man hier auch von einer Form von *Translokalisierung* sprechen, etwa, weil es sich beim Keramik-Cup um die Beziehung einer Stadt (Montabaur) zu ihrem Umland bzw. zur erweiterten Region (Westerwald) handelte. Hinzu kam die nationale und internationale bzw. globale Komponente des Events. Auch greifen hier soziale Selektionseffekte, weil Translokalisierung nicht die Etablierung von Beziehungen zwischen zwei oder mehr Orten als solchen meint, sondern zwischen zwei oder mehr Lokalitäten, die in sich selbst sozial differenziert sind (Langenohl 2015a, S. 40 ff.). Dabei erhält Lokalität eine spezifische Bedeutung durch die Ver-

[18] Allerdings wurden keine weiteren Inhalte auf Englisch bereitgestellt.

bindung mit den anderen beiden Bezugspunkten des Turniers. Obwohl das Event schon durch den Titel einer klar zu benennenden Region zugeordnet wurde (*Westerwald*), wozu etwa bestimmte Ortschaften oder wirtschaftliche Betriebe gezählt werden können, unterschied sich der Wettbewerb von einem Bezug auf reine Lokalität, etwa vertreten durch den Austragungsort (Montabaur) oder den als Gastgeber wahrgenommenen Fußballverein (EGC Wirges). Denn einerseits behaupteten die Veranstalter und Teilnehmer einen direkten Bezug und praktische Zugehörigkeit zum globalen bzw. internationalen professionellen Fußball, womit sich der Fall auch gut als ein relevantes Beispiel für die hier fokussierte *Variante der Glokalisierung* analysieren lässt.[19] Auf der anderen Seite beruhte das kosmopolitische Flair auf keiner gewöhnlichen Praxis der internationalen Zirkulation (wie etwa dem Tourismus). Vielmehr wurde hier, über das Medium Fußball bzw. Sport im Allgemeinen, ein inklusives Potenzial betont, das Differenzen als Frage des Geschmacks interpretiert und diese Differenzen damit lediglich als an der Oberfläche existierend ansieht (vgl. ebd., S. 201 ff.). Das ist relativ typisch für den Kontext des organisierten Sports, in dem in der Regel auf die gleichsam automatische Integrationsfähigkeit des Bereichs durch sein als selbstverständlich unterstelltes Potenzial als universale Sprache verwiesen wird (vgl. Naglo und Krossa 2022).

Zusammenfassend lässt sich sagen, dass das spezifische *Format des Lokalen* im Rahmen des Events konstruiert wurde durch Bezüge zum Dreiklang Professionalität, Kosmopolitismus und Lokalisierung bzw. Translokalisierung.

Astro-Turfing

Seit 2016 wurde der Keramik-Cup auf Kunstrasen ausgetragen, im Gegensatz zum vorher verwendeten gewöhnlichen synthetischen Hallenbelag. Die Idee hierzu hatte ein ehemaliger professioneller Spieler, der das Veranstaltungsteam darauf aufmerksam machte, dass solche Kunstrasenflächen auch für sportliche Zwecke ausgeliehen werden können. Grundlage für die Entscheidung, das Turnier künftig auf Kunstrasen auszutragen, ist die besondere Bedeutung dieser Plätze im deutschen Fußball, deren Nutzung beispielsweise von den maßgeblichen Verbänden FIFA und DFB unterstützt wird. Im deutschen Amateurfußball werden

---

[19] „By increasingly taking part in cultural circulations of professional football, local football may be helped to redefine its own identity and boundaries. For local football to gain in locality (…) through the referentialities that national and global football enables, is, however, a paradoxical process that needs to be analytically worked through in ways and to a degree that have so far been neglected. If glocalization is to be understood as penetrating really deeply into structures of the social, it makes sense to go quite literally to ground level and observe what is happening there, as for instance manifested in amateur football and its initiatives" (Naglo und Krossa 2022, S. 220 f.).

Kunstrasenplätze beispielsweise häufig als Ausdruck eines Modernisierungsprozesses der Vereine im Sinne einer existenzsichernden Maßnahme gedeutet. Die Krise, die es zu überwinden gilt, wird in der Wahrnehmung der Akteure meist durch die nicht mehr als zeitgemäß wahrgenommenen *Tennenflächen* (Aschenplätze) ausgelöst – im Fall des Keramik-Cups ist es der herkömmliche Hallenboden –, die dann durch die neuen Astro-Turfs ersetzt werden (s. o.). Dabei trat der lokale Verein (Keramik-Cup e. V.) gleichzeitig als Unternehmer auf: Durch strategisches Handeln werden Möglichkeiten geschaffen, das eigene Kapital erhöht und in ein neues Produkt, das vermeintlich beste auf dem Markt, investiert.

Diese Einführung des neuen Belags wurde von den Beteiligten des Turniers und der Presse sehr positiv aufgenommen. In Gesprächen stellten Beteiligte immer wieder heraus, dass die fußballerische Qualität mit dem Kunstrasen nun deutlich besser sei (‚Es ist jetzt eine ganz andere Art von Turnier'). In diesem Sinne wurde auch häufig geäußert, dass der künstliche Rasen eine bessere und authentischere Fußballerfahrung ermöglicht (‚die spielen jetzt sogar mit richtigen Fußballschuhen'). Somit kombiniert der Kunstrasen eine Imitation des Gewöhnlichen (Rasen) mit dem Außergewöhnlichen (Profifußball), wodurch dem Material ‚Plastik' eine ganz neue Dimension, und zwar die des Besonderen, symbolisch hinzugefügt wird (vgl. auch Barthes 1964, S. 223 ff.). Das Material und seine symbolische Bedeutung führen entsprechend zu einer Umdeutung des Events und der Entstehung von etwas Neuem durch eine Anlehnung an Versatzstücke aus dem Profifußball.

4.3 Die soziale Welt des professionalisierten Jugendfußballs in Deutschland – Optimierungsstrategien und die Rolle der Schulen

Der organisierte Jugendfußball unterliegt als Verbindung zwischen ‚Leistungs- und Spaßfußball' ständigen Reproduktionsprozessen und immer wiederkehrendem Wandel. Ziel dieser Ausführungen ist die Betrachtung der Kooperation des Elite-Jugendfußballs und seiner zentralen Institutionen, den so genannten *Nachwuchsleistungszentren* (in der Folge NLZ), auf der einen Seite, und den so genannten Eliteschulen des Fußballs auf der anderen. Fokussiert werden sollen also Relationen zwischen dem professionell organisierten Jugendfußball und dem deutschen Bildungssystem. Besondere Bedeutung kommt dabei der Rekonstruktion des Bereichs und fortlaufenden Professionalisierungsprozessen unter dem Eindruck einer Krise des deutschen Fußballs seit dem späten 20. Jahrhundert zu, die bereits oben ausgeführt wurde (siehe *Krisennarrative im deutschen und englischen Fußball*).

Hier wird an die oben außerdem entfaltete Idee angeschlossen, dass ‚Krisen' in ihren unterschiedlichen Formen besondere Bedeutungs- und entsprechende Handlungsdimensionen für den Fußball transportieren können.

Theoretisch erlaubt dieser Ansatz eine Betrachtung relevanter Akteure und die Art und Weise, wie diese soziale Welten erschaffen bzw. reproduzieren und welche Schwierigkeiten, Konflikte und symbolischen Bedeutungen in dem Prozess eine Rolle spielen (vgl. Soeffner/Zifonun 2008). Die Herangehensweise beruht grundsätzlich auf der Annahme alltagssoziologischer Forschung, dass institutionalisierte soziale Beziehungen, Praktiken und kulturelle Muster als standardisierte Lösungen von Problemen interpretiert werden können, mit denen Akteure in ihren alltäglichen Routinen konfrontiert sind (Zifonun 2016). In dieser Perspektive ist die Untersuchung geleitet von der klassischen Annahme, dass soziale Ansprüche und Vorstellungen in spezifischen Segmenten der Gesellschaft, wie etwa die soziale Welt des Fußballs oder der Bildungssektor, gesamtgesellschaftlich internalisiert und (kreativ) implementiert werden (siehe Elias 2003; Elias and Dunning 1984). Nach Beichelt (vgl. 2018) sind es nun insbesondere Werte wie Kreativität, Weltoffenheit, Spontanität und Authentizität, die im professionalisierten Jugendfußball dem zentralen Ziel des sportlichen Erfolgs untergeordnet werden. Gleichzeitig erscheinen Nachwuchsleistungszentren als exklusive Systeme, in denen junge Fußballer als Produkte zirkulieren und dabei helfen, Räume mit spezifischer Bedeutung zu belegen und spezifisches Wissen zu generieren.

Ausgehend von diesen Beobachtungen ist es Ziel der Analyse, die omnipräsenten und alles überragenden Optimierungstendenzen in diesem Bereich zu thematisieren. Abgerundet wird die Untersuchung durch die empirische Betrachtung des NLZ des Bundesliga-Vereins Mainz 05 sowie einer seiner Partnerschulen. Als Grundlage dienten dabei offene Experteninterviews mit leitenden Persönlichkeiten des Zentrums aus dem Jahr 2018 und 2019 sowie des NLZ eines weiteren Bundesligavereins, mit Beteiligten der Partnerschule sowie mit Akteuren, die in den Mainzer Jugendfußball auf unterschiedlichen Ebenen involviert sind. Außerdem wurden verschiedene Dokumentenanalysen als Ergänzung herangezogen, um die aus den Interviews gewonnenen Einschätzungen hinsichtlich der Außendarstellung von Verein und Schule gleichzeitig zu stärken und abzusichern. Der Schwerpunkt liegt vornehmlich auf der Perspektive der Welt des Fußballs bzw. inwiefern die Bildungsinstitution Schule dessen Existenz und damit Erfolg gewährleistet.

Fragestellungen

Folgende Fragen lassen sich hier formulieren: Wie hat sich der Bereich des deutschen Elite-Nachwuchsfußballs bzw. der Talentsichtung seit der diagnostizierten Krise in den frühen 2000er-Jahren entwickelt? Was sind die relevanten Strategien der zentralen Akteure im Umgang mit Unsicherheiten, Ambivalenzen bzw. Paradoxien in diesem Zusammenhang, und wie werden sie umgesetzt? Was impliziert die Kooperation zwischen den Vereinen und ihren Partnerschulen von einem soziologischen Standpunkt aus, insbesondere im Blick auf den zentralen Optimierungsfokus?

Praktiken in der Welt des Spitzenjugendfußballs können als repräsentativer Teil einer Fußballwelt betrachtet werden, in der Elemente des Professionalismus und Amateurhaften einerseits stark überlappen und die, andererseits, stark in Richtung Optimierung neigt, verstärkt durch tiefgreifende Tendenzen von Medialisierung. Auf der Oberfläche propagiert sie allerdings gleichzeitig sich von Optimierung abgrenzende Werte wie Spaß oder individuelle Selbsterfüllung, und nicht zuletzt das Versprechen von Schulbildung sowie beruflichen Perspektiven nach dem Ende einer immerhin möglichen Profikarriere im Fußball. Dies alles muss im jeweiligen lokalen Kontext durch spezifische kulturelle Praktiken und Symbole bzw. Narrative implementiert bzw. gestützt werden. Als soziale *Sub-Welt* erzeugt die Welt des Jugendfußballs so bestimmte Wissensvorräte, die sie von anderen Welten trennt. Aufgrund des Alters ihrer wesentlichen Akteure unterhält sie zwangsläufig enge Kontakte zu Schulen, die wiederum eigene soziale Welten repräsentieren. An den Schnittstellen angrenzender bzw. kollidierender Welten kommt es regelmäßig zu Überlappungen und damit zur Bildung von Arenen, in denen Abläufe und Legitimationsprozesse (‚Was ist normal?', ‚Wer bin ich?', ‚Wem steht was zu?') immer wieder neu ausgehandelt werden müssen.

Ein weiterer Ausgangspunkt ist hier die Beobachtung einer Instrumentalisierung des Konzepts *Krise* für diverse Strategien und Positionierungen in einem umfassenden Narrativ, das von den Medien und einflussreichen Akteuren des organisierten deutschen (Profi-)Fußballs getragen wurde. In dieser Erzählung ging es vor allem um die Wiederherstellung des deutschen Fußballs als Teil der ‚Weltspitze' – zurück also zu vormals glorreichen Zeiten. Die darauffolgende Neuausrichtung des DFB-Ausbildungssystems kann somit im Kontext einer Krise des deutschen Fußballs verortet werden. Das System ‚Deutscher Fußball' war ja – wie oben bereits ausführlicher beschrieben – seit dem Ende der 1990er-Jahre mit einer zweifachen Krise konfrontiert, die sich mit ‚nicht genug Talent' und ‚nicht genug Geld' umreißen lässt. Die Antwort fanden die Verantwortlichen in einer nahezu vollständigen Neuausrichtung im Gewand einer umfassenden Strukturreform, die letztlich Professionalisierungstendenzen beinhaltete. Das neue System fokussierte u. a. die hier relevante Koordination von Schule und dem Lebensalltag von Jugendspitzenspielern, insbesondere deren komplexes Zeitmanagement betreffend. Einschneidende Entwicklungen und *Re*-Interpretationen im Bereich des professionellen Fußballs hatten also tiefgreifende Konsequenzen für das Gesamtsystem und insbesondere für den Jugendfußball in Deutschland.

Die sozialen Welten der Nachwuchsleistungszentren: Talententwicklung im deutschen Fußball

Die sozialen Welten der Nachwuchsleistungszentren professionell agierender Fußballvereine können generell charakterisiert werden durch die Nutzung einer großen Menge an Ressourcen, letztlich mit dem alles überragenden Ziel, professionelle Fußballer auszubilden, und zwar durch die systematische und möglichst frühzeitige Sichtung und Selektion der (vermeintlich) talentiertesten Spieler. In Deutschland sind die 36 Vereine der ersten und zweiten Bundesliga verpflichtet, ein offizielles NLZ einzurichten, das bestimmte Kriterien erfüllen muss, die vom DFB festgelegt werden. Einige Vereine der dritten Liga und auch manche der Regionalliga (4. Liga) unterhalten außerdem ein NLZ. Vereine unterhalb dieses Niveaus haben ebenfalls die Möglichkeit, ein solches Zentrum aufzubauen, falls sie über entsprechende Mittel verfügen. Die Einrichtungen werden offiziell zertifiziert und fortlaufend evaluiert in einem bisweilen umfangreichen Prozess.[20] Dies gilt bislang vor allem für den männlichen Nachwuchs, da die Strukturen für weibliche Talente sich erst noch im Aufbau befinden.[21]

In der Saison 2002/2003 führte der DFB ein Programm zur Talentförderung ein, das seitdem als erste Ebene der Talentsichtung etabliert wurde. Das Projekt umfasst 366 Stützpunkte, die im ganzen Land (organisiert durch die jeweiligen Landesverbände) verteilt sind. Diese Stützpunkte sollen als Brücken zwischen den kleineren Vereinen an der Basis und den Nachwuchsleistungszentren mit den *Eliteschulen des Fußballs* dienen, die als zweite Ebene der Talentförderung und -sichtung dienen. Die Eliteschulen des Fußballs wurden im Jahr 2006 gegründet, nach dem Beispiel der bereits existierenden Eliteschulen des Sports. Ungefähr 40 dieser Schulen bilden ein umfassendes Netzwerk für Fußballtalente. Jede dieser Eliteschulen ist dabei Teil eines größeren Zusammenhangs, bestehend aus Schule, NLZ, dem jeweiligen Landesverband und den Vereinen. Diese Einführung eines quasi professionalisierten Jugendspitzenfußballs in die Schulen zielte auf die optimale Koordination zwischen Schulen und sportbezogenen Herausforderungen, denen sich die Spieler in ihrem Alltag gegenübersehen. Die Hauptziele, die im Leitfaden des DFB aufgelistet werden, sind demnach:

---

[20] Siehe https://www.leistungszentren.de/, Zugriff, 17.7.2025.

[21] Siehe https://www.dfb.de/news/detail/faq-das-sind-die-leistungs-und-talentfoerderzentren-weiblich-des-dfb-264272, Zugriff, 17.7.2025.

„• Optimales sportliches und schulisches Umfeld für ambitionierte Talente
• Möglichkeiten einer optimalen Koordinierung schulischer und sportlicher Anforderungen durch z. B. Hausaufgabenbetreuung, Nachhilfe.“[22]

Im Leitfaden werden außerdem einige generelle Prinzipien festgehalten, wie die grundsätzliche Vorbereitung der Spieler hinsichtlich sport- und nichtsportbezogener Aufgaben. Ein weiteres Beispiel ist das für den organisierten Fußball typische Aufzählen bestimmter ‚Werte‘, wie Teamgeist, Fair Play oder die Motivation, selbst initiativ zu werden. Zusätzlich veröffentlichte der DFB einige Leitkriterien als Muster für die praktische Wahrnehmung des Spiels in *Angriff und Abwehr* (‚DFB-Leitlinien‘). Diese Leitlinien dienen auch als Orientierung in Lizenzkursen für Trainerinnen und Trainer in den jeweiligen Landesverbänden.

Während diese Darstellungen eher als oberflächlich und idealisierend bezeichnet werden können, wird im Folgenden der Frage nachgegangen, wie das Umfeld des elitären Jugendfußballs genauer bzw. realistischer beschrieben und eingeordnet werden kann. Zunächst kann festgehalten werden, dass die Spieler in dieser sozialen Welt sozialisiert werden, in dessen Zentrum sich sehr kompetitive Jugendmannschaften befinden, in denen Spieler regelmäßig gesichtet, erwählt und anschließend – in regelmäßigen Abständen – wieder ‚aussortiert‘ werden, um Platz für nachrückende Talente zu schaffen, was zu einer sehr hohen Fluktuation führt. Diese Abläufe erzeugen darüber hinaus erheblichen sportlichen und sozialen Druck für die jungen Spieler und ihre Familien. Der Wettbewerb existiert entsprechend nicht nur zwischen Teams, sondern vor allem auch innerhalb der Mannschaften und zwischen den einzelnen Spielern, wo die Mitglieder des jeweiligen Kaders in der jeweiligen Altersklasse um Plätze und Einsatzzeiten konkurrieren. Die Spieler entwickeln in diesem Kontext in der Regel einen internalisierten Willen, Erfolg zu haben. Dieser internalisierte Erfolgswille kann als eine strukturelle Komponente des Fußballs generell betrachtet werden. Dies gilt – in etwas abgemilderter Form – auch für den nicht-professionellen Bereich des Spiels.

Eines der wesentlichen und explizit genannten Ziele der Zentren ist konsequenterweise die Sichtung und Auswahl von Talenten, die ein lohnendes Investment darstellen. Betrachtet man dies als Kernaufgabe in diesem hochprofessionalisierten, aber intransparenten Kontext, erscheint die Vermittlung zwischen den bzw. die Kommunikation der Interessen der heranwachsenden Spieler, ihrer Eltern sowie den Vereinen naheliegend als zentral. Resultat dieses Prozesses ist das Entstehen eines Marktes für professionelle Berater für bereits relativ junge Spieler (Beichelt

[22] Siehe https://www.f95.de/media/files/docs/eliteschulen/EDF_Leitfaden_Ausbildung.pdf, Zugriff, 17.7.2025.

2018, S. 75). Die Funktion dieser Beraterinnen und Berater ist durchaus als ambivalent anzusehen: Zum einen kümmern sie sich vornehmlich um alle Interessen (Vertragsverhandlungen, Organisation des täglichen Lebens usw.) ihrer ‚Klienten', was diese umfänglich entlastet. Zum anderen sind sie vor allem am eigenen wirtschaftlichen Erfolg interessiert, was sie potenziell zur Gefahr für eine Welt macht, die auch in diesen Bereichen gemeinschaftliche Werte vermeintlich hochhält. Nicht selten sprechen Involvierte von einem Markt, in dem Spieler gleichsam als Produkte zirkulieren. Der Hauptanspruch der Vereine ist es entsprechend, so viele talentierte Spieler wie möglich – so jung wie möglich – unter Vertrag zu nehmen, um letztlich professionelle Fußballer und damit Wertanlagen für den ‚richtigen Markt', d. h. die global orientierten großen professionellen Fußballligen zu erzeugen. Die *Eltern* sind andererseits häufig daran interessiert, für ihre Investitionen bzw. ‚Opfer' (Zeit, Geld, Wertschätzung) entschädigt zu werden, oder sie sehen durch ihre Kinder Chancen, eigene unverwirklichte Träume zu realisieren. Die *Spieler* wiederum müssen mit der prekären Situation umgehen, in diesem komplexen Umfeld zu professionellen Fußballern heranzuwachsen, sich aber gleichzeitig um eine nachhaltige Ausbildung kümmern, falls sie es nicht in die Welt des Profifußballs ‚schaffen'.[23] Damit wird der Traum bzw. das Ziel der Nachwuchsspieler, Profis zu werden, zur harten Währung und zum Machtpotenzial für Vereine und Leistungszentren sowie für die Eltern.

Die Kontingenzen und Ambivalenzen des Prozesses, Profifußballer zu werden, werden oft verschleiert durch das, was Beichelt *maximum speech* nennt: Trainer, Funktionäre oder Eltern sprechen oft von der Maximierung von Chancen, dem *idealen Umfeld*, der *absolut besten Infrastruktur* oder der *perfekten Ausbildung*, die die Talententwicklung vermeintlich optimiert (Beichelt 2018, S. 78). Das Konzept *Leistung* ist in dieser sozialen Welt zwar allgegenwärtig und wird immer wieder beschworen, bleibt aber letztlich unklar, da keine eindeutigen Kategorien existieren: Somit wird die Bedeutung des Konzepts und die spezifische Ausprägung in der Regel zur Interpretationssache (vgl. auch Müller 2009; Verheyen 2019). Andererseits ist es genau diese Ambiguität, die den Begriff in der Welt des Jugendfußballs so attraktiv macht: Eine mindestens ‚gute' bzw. ‚fehlerfreie' Leistung wird immer erwartet von den Trainern, den Eltern und den Spielern selbst, was den Druck internalisiert und weiter verstärkt und systematisch an das allgemeinere Konzept der *Optimierung* in diesem Rahmen immerwährenden Wettbewerbs anschließt.

---

[23] Lediglich 1 Spieler von 1000 schafft es angeblich, professionell Fußball zu spielen. Aus dem Interview mit dem pädagogischen Leiter von Mainz 05.

Schulen spielen in diesem System eine wichtige Rolle. Sie stabilisieren, legitimieren und statten den Bereich symbolisch und praktisch mit Glaubwürdigkeit aus: *symbolisch*, weil sie die Vereine davon entlasten, den Spielern eine wirkliche Ausbildung zukommen zu lassen. Und *praktisch* dienen sogenannte Partnerschulen den Vereinen als Teil der Infrastruktur. Sie bieten Spielern gewisse Vorteile durch Vorzugsbehandlungen, um die tägliche Arbeit auf dem Platz mit den Schulverpflichtungen in Einklang zu bringen. So reduzieren sie den Druck auf die Vereine und die Eltern. Was genau bedeutet das nun spezifisch für die soziale Welt eines Bundesligavereins – hier am Beispiel des 1. FSV Mainz 05 –, seines Nachwuchsleistungszentrums bzw. einer entsprechenden Partnerschule? Oder allgemeiner: Wie kooperiert der Jugendelitefußball in einem konkreten Beispiel mit einer Partnerschule?

Das Beispiel eines Nachwuchsleistungszentrums

Der 1. FSV Mainz 05 ist ein in der Stadt Mainz beheimateter Verein, die gleichzeitig die Hauptstadt des Bundeslands Rheinland-Pfalz in Deutschlands Südwesten ist. Die Profimannschaft des Vereins spielt seit der Saison 2010–2011 ununterbrochen in der Bundesliga. Obwohl er gern ein Außenseiter-Image als ‚Karnevalsverein' pflegt, bringt der Klub seit geraumer Zeit international überdurchschnittlich erfolgreiche Trainer heraus (z. B. Wolfgang Frank, Jürgen Klopp, Thomas Tuchel), die taktische Ideen und deren Entwicklung in Deutschland und Europa in den letzten Jahren erheblich beeinflussten. Narrative bezüglich der Jugendabteilung betonen entsprechend häufig die Bedeutung von *Ausbildung*, auf und jenseits des Platzes (‚Bildungsangebot'). Letztgenanntes steht hier nun im Fokus der Analyse.

Pädagogische Konzepte

Um vereinsintern formulierte und allgemeine Ziele der Schulbildung für die Spieler zu erreichen, hat der Verein die Position eines *pädagogischen Leiters* geschaffen und mit einem ehemaligen Lehrer und Jugendtrainer des Vereins besetzt.[24] Er ist verantwortlich für die Koordination der sehr aufwendigen täglichen Routinen der Spieler, aber auch für die Implementierung ausbildungspraktischer Ideen innerhalb des Vereins. Gleichzeitig betreut er die Spieler im vereinseigenen Internat, wo

[24] Lehrerinnen und Lehrer sind sehr häufig im Kontext des Amateur- und Jugendfußballs als Trainer und Trainerinnen oder anderen Funktionen anzutreffen, insbesondere auch in explizit leistungsorientierten Bereichen. Zum einen scheint hier eine besondere Disposition zu bestehen, den Fußball analytisch zu betrachten. Zum anderen verfügen Lehrer und Lehrerinnen auch banalerweise über die Zeit im Alltag, die dazu vonnöten ist. Davon abgesehen eignen sich Lehrende vermeintlich auch besonders gut in pädagogischen Betreuungsfunktionen.

der Klub eine bestimmte Anzahl von Räumen mietet und mit dem dort ansässigen pädagogischen Personal zusammenarbeitet.[25] Zudem ist er anwesend, wenn die Klubverantwortlichen sich mit Spielern treffen, die verpflichtet werden sollen. Diese Zusammenkünfte nennt er ‚Akquise-Gespräche', was deutlich zeigt, wie der Raum des Nachwuchs-Elitefußballs von einer Sprachform beeinflusst wird, die aus dem Marketing-Bereich stammt.

Seiner eigenen Beschreibung folgend ist der pädagogische Leiter verantwortlich für eine realistische Einschätzung des Vereins und dessen Erwartungen an Spieler („Wir bauen hier keine Luftschlösser"). Auf diese Weise muss er sich auch um die schulischen Leistungen der Spieler kümmern. Dabei verfügt er offensichtlich über die Autorität, Strafen wie Trainings- oder sogar Spielverbote auszusprechen, falls die schulischen Leistungen nicht den Erwartungen entsprechen, was Konflikte mit Trainern, Beratern und Eltern nach sich ziehen kann.

Ein weiterer wichtiger Akteur in diesem Kontext ist die Partnerschule des Vereins IGS, die allerdings nur eine von mehreren Kooperationsschulen des Vereins ist. Laut pädagogischem Leiter besuchten im Jahr 2019 28 Spieler aus dem Internat die Schule, plus 16 Spieler aus der direkten Umgebung. Die Schule erhält nach Angaben des pädagogischen Leiters und des verantwortlichen Lehrers an der Bildungseinrichtung 30.000 € jährlich für den Titel einer ‚Eliteschule des Fußballs', der offiziell vom DFB verliehen wird. Auf ihrer Website führt die Schule aus, dass die herausragenden Bedingungen und die enge Beziehung zum Bundesligaverein diese Ehrung erst möglich gemacht haben, und dass der DFB die ‚phänomenalen' Möglichkeiten in seiner Würdigung hervorhebt, die die Schule jungen Fußballern bietet, um ihre sportliche *und* schulische Karriere zu verfolgen. Die explizite Nennung der ‚herausragenden Bedingungen' und ‚phänomenalen Möglichkeiten' zeigt die Relevanz von *maximum speech* auch im Bildungssektor. Gleichzeitig findet sich keine Information auf der Website der Schule zu deren Motivation, den Titel einer Eliteschule des Fußballs überhaupt anzustreben. Die einzige diesbezügliche, allerdings etwas schwammige Aussage, die sich findet, bezieht sich darauf, dass die IGS zur Schule ‚Nummer eins' in Mainz und Umgebung für Kinder werden will, die eine Karriere im kompetitiven Sport anstreben. Das Label ‚Eliteschule des Fußballs' kann entsprechend als einzigartiges Verkaufsargument für die Schule gesehen werden. Aber wie funktioniert die Kooperation zwischen Verein und Schule in der Praxis?

Zunächst, und eher überraschend für einen professionellen Fußballverein, behauptet der Klub, dass es die Priorität seines Ausbildungszentrums sei, den Spielern eine gute Schulausbildung zukommen zu lassen. Die Schulbildung ist in die-

[25] Siehe https://www.mainz05.de/internat, Zugriff, 17.7.2025.

sem Kontext ,Plan B' für den Fall, dass die Spieler ihren großen Traum nicht verwirklichen können („Die Schule kommt immer zuerst", „Eine Schulkarriere ist vorhersehbar, eine Fußballkarriere nicht"). Das Ziel ist also, jedes Talent mit einem ihm angemessenen Schulabschluss zu versorgen. Das kann mitunter eine anspruchsvolle Aufgabe sein, bedenkt man, dass NLZ-Spieler auch aus anderen Ländern (etwa Spanien oder Luxemburg) bzw. aus verschiedenen sozialen Kontexten nach Mainz kommen. Einer der Lehrer an der IGS beschrieb die Situation eines spanischen Jugendspielers als besonders kompliziert, da er aufgrund seiner mangelnden Sprachkenntnisse Schwierigkeiten hatte, sich zu integrieren. Der pädagogische Leiter bestätigte im Gespräch, dass ,diese Fälle' existierten, in denen Spieler ihr Potenzial auf dem Feld nicht abriefen, weil sie ,Heimweh' entwickelten. Nichtsdestotrotz lässt sich konstatieren, dass die Kooperation für Schule und Verein hilfreich ist. Vor allem profitiert aber der Verein. Man kann annehmen, dass die fortschreitende Professionalisierung des Jugendfußballs in Deutschland zu einem großen Ausmaß von einer funktionierenden Kooperation mit den Partnerschulen abhängt, da Letztere wesentliche Unterstützung in drei Bereichen bieten: das Auffangen von Fehlzeiten, die Bereitstellung eines Unterstützungssystems für Schulaufgaben sowie insgesamt die Verbesserung von Trainingsbedingungen. In diesem Umfeld fungiert die Schule als wichtiger Akteur zur Entlastung von Verein, Spielern und vor allem auch Eltern.

Unterstützungssysteme

Zunächst ist es für den Verein wichtig, dass die Spieler grundsätzlich die Möglichkeit haben, relativ häufig in der Schule zu fehlen. Vor allem diejenigen Spieler, die in Bundesliga-Teams aktiv sind (U17 und U19), müssen regelmäßig große Distanzen zu den Spielen zurücklegen. Auswärtsfahrten starten dann oftmals schon freitags, weshalb die Spieler diesen Tag in der Schule häufig verpassen. Einige Spieler nehmen – altersabhängig – auch bereits am Training der Profimannschaft teil, das wiederum regelmäßig vormittags stattfindet. Darüber hinaus sind fast alle Spieler für die entsprechenden regionalen oder DFB-Auswahlmannschaften aktiv, natürlich mit dem Fokus auf Letzteren: Wenn sie beispielsweise für die jeweilige Jugendnationalmannschaft gesichtet werden, um an einem großen Turnier inklusive Vorbereitungstrainingslager teilzunehmen, verpassen sie bisweilen ein Drittel der gesamten jährlichen Schulzeit. Diese Umstände machen ein gut organisiertes schulisches Unterstützungssystem so extrem wichtig für den Elite-Jugendfußball. Der pädagogische Leiter koordiniert die Verbindung auf Vereinsseite und muss zu jeder Zeit einen Überblick haben, womit die einzelnen Spieler gerade inhaltlich in der Schule beschäftigt sind. Außerdem versorgen so genannte ,Kontaktlehrer' die Spieler mit Übungsblättern u. Ä., die sie während der Fahrten oder in freien Zeiten während Vorbereitungstrainingslagern bearbeiten müssen. Sie erledigen ihre schulische Arbeit dann unter der Aufsicht privater Tutoren, die vom Verein oder vom DFB angestellt werden.

Der pädagogische Leiter betonte die schulischen Leistungen der Spieler. In diesem Zusammenhang hob er ein ‚Frühwarnsystem' hervor, das greifen soll, noch bevor gravierende Schulprobleme auftreten können. Dazu zählt etwa die Einführung eines komplexen Nachhilfe-Systems, dass Spieler bei schulischen Problemen unterstützen soll. Häufig kommen etwa die Nachhilfelehrerinnen und -lehrer zum Trainingsgelände, um die Lehreinheiten an die herausfordernden täglichen Abläufe der Spieler anzupassen, die in der Regel frühmorgens starten und – beispielsweise für U17 Spieler – mit dem Abendessen erst um 20:30 Uhr enden. Die Verantwortlichen im NLZ betonen immer wieder das Zeitmanagement: „Jede Minute zählt", oder, anders formuliert: Wieviel Fußball lässt sich in einem Tag unterbringen?

Ein dritter Aspekt, der in den Interviews regelmäßig vorkam, war die Thematik des morgendlichen Trainings, das während der Schulzeit stattfindet. Dieser Aspekt scheint für die Verantwortlichen des NLZ wesentlich zu sein, verbunden mit der Frage nach den quantitativ möglichen Einheiten („Die zentrale Frage lautet: zu welcher Uhrzeit können wir zusätzliche Trainingseinheiten anbieten?"). Der tägliche Zeitplan der Spieler ist bereits sehr voll; das einzige Zeitfenster, indem zusätzliches Training stattfinden könnte, wäre entsprechend der Vormittag, also während der Schulzeit. Zur Betonung der Bedeutung des Vormittagstrainings bezieht sich der Verantwortliche für pädagogische Angelegenheiten erläuternd auf den Trainingsplan der Profimannschaft: „Der Körper gewöhnt sich an die Belastung des Trainings am Vormittag, die im Profifußball zur Normalität gehören." Ein weiterer Punkt, der hervorgehoben wird, ist die ‚geistige Frische' am Morgen: „Das ist besonders gut für taktische Einheiten".[26] Was sind also die Implikationen des Mainz 05/IGS Fallbeispiels für die Analyse der sozialen Welt des Jugendspitzenfußballs?

Implikationen

Das zentrale Ziel des NLZ scheint in der Anpassung des schulischen Zeitplans zu liegen, um die angebotenen Fußballaktivitäten zu unterstützen und damit die Ausbildung zu optimieren. Darüber hinaus erscheint das NLZ durch die Kooperation mit der Schule in einem positiven Licht, als verlässliche und sorgsame Institution. Die Rolle der Schule liegt aus Sicht der leitenden Personen des NLZ darin, die Abläufe innerhalb des Vereins effizienter zu gestalten. Vor allem geht es dem Verein

[26] Ein nachgeordneter, aber dennoch insgesamt wichtiger Aspekt ist in dieser Hinsicht die Möglichkeit des Trainings mit Gewichten im schuleigenen Kraftraum.

aber letztlich darum, um die – in der jeweiligen Entwicklungsstufe – größten Talente konkurrieren zu können, insbesondere in einem Markt, der zunehmend global ausgerichtet ist und in dem deutsche und europäische Vereine um einen ähnlichen Spielerpool konkurrieren.

Auch für die Schulen – insbesondere solche mit einem ‚Sportschwerpunkt' – scheint es offensichtliche Anreize zu geben, eine ‚Eliteschule des Fußballs' zu werden, wie etwa zusätzliche finanzielle Mittel, neue Infrastruktur (‚Kraftraum') und das öffentliche Image einer sportorientierten Schule für besonders talentierte Kinder als Narrativ, das immer auch eine Anschlussfähigkeit an andere *kreativästhetische* Bereiche (Reckwitz 2012) herzustellen vermag. Da weiterführende Schulen, insbesondere in Städten, zunehmend im Wettbewerb um Schüler stehen, kann ein solches Image von Vorteil sein. In diesem Sinne unterscheiden sich die Ziele der Schule und des Vereins nur graduell: Es geht darum, die besten Schülerinnen und Schüler in einem harten Wettbewerb mit anderen Schulen zu bekommen und „zur Nummer eins in der Region aufzusteigen". Die Kooperation mit dem populären Bundesligaverein verspricht hier einen kompetitiven Vorteil.

Die Analyse zeigt also starke Analogien, vor allem mit Bezug auf Optimierungstendenzen. Beide Institutionen sind dabei gekennzeichnet durch strikte Hierarchien und internalisierte Ambitionen, auf dem Fußball-/Sport-/Bildungsmarkt zu konkurrieren und Erfolg zu haben. Es lässt sich somit argumentieren, dass Werte wie Leistung, Disziplin und Effizienz auf diesem Weg sozial etabliert werden, und zwar durch den organisierten Fußball *und* die Schulen.

5 Bedeutung der Fallstudien für implizite Grenzziehungen – Konstruktionen *glokaler* Welten des Fußballs

Kunstrasenprojekte in Deutschland und England

Der Fallvergleich zeigt, wie zwei Amateurvereine in Deutschland und England gelernt haben, ihre Aktivitäten in einer unternehmerischen Art und Weise durchzuführen bzw. zu koordinieren und gleichzeitig im *not-for-profit*-Sektor zu verbleiben. Dies geht einher mit einer strategischen Neuausrichtung der zentralen Akteure, die als *soziales Unternehmertum* bezeichnet werden kann. Bemerkenswert am Fall des Malvern Town FC ist der Umstand, dass sich die ‚Rettung aus der Krise' in Form eines externen Konsortiums präsentierte, wohingegen sich die Entwicklung beim BSV Bielstein anders darstellte. Hier lässt sich eher von einem vereinsinternen Prozess sprechen, der unternehmerische Aktivitäten beinhaltete. Die je unterschiedliche Herangehensweise der beiden Vereine lässt dabei grundsätzlich verschiedene Vorstellungen und Bedeutungszuweisungen (Vereinspolitiken, Mitgliedereinfluss, externes Kapital) erkennen.[1] Versteht man nationale Fußballkulturen als spezifische Diskursräume in sozialen Welten und solche der Zirkulation von Symbolen, die geprägt, geformt und kreativ konstruiert werden durch lokal/regional, national und global agierende Medien, sowie als lokal spezifische Praktiken, Selbstverständnisse und Gemeinschaftsformen, lassen sich hier potenziell gegenläufige Entwicklungen und somit die These lokaler und nationaler Spezifika bzw. *glokaler* Formen und Praktiken konstatieren.

[1] Diese *kulturellen Unterschiede* bzgl. des Mitgliedereinflusses finden sich auf den ersten Blick auch im professionellen Bereich: Während die Profivereine in Deutschland auf der Basis der 50 + 1-Regel von den Mitgliedern geführt werden, sind im englischen Fußball nahezu allmächtige Sponsoren – vor allem aus den USA und dem arabischen Raum –, die die Vereine besitzen und im Wesentlichen als Investitionsobjekt sehen, keine Seltenheit.

K. Naglo, *In Fußballwelten*, Erlebniswelten,
https://doi.org/10.1007/978-3-658-31553-5_5

Die wahrgenommene *Krise* war in beiden Fällen von zentraler Bedeutung und Anlass, Wandlungsprozesse in die Wege zu leiten. Die Metamorphose der Vereine hin zu einer unternehmerischen Ausrichtung, unterstützt durch entsprechende Narrative, ist offensichtlich. In beiden Fällen übereinstimmend wurden die Transformationsprozesse initiiert durch die Aufwertung der vereinseigenen Sportanlage, insbesondere aber durch die symbolische Instrumentalisierung des Kunstrasenplatzes. Dieser wird im Rahmen des Prozesses als prestigeträchtig für die lokale Gemeinschaft angesehen und erlaubt gleichzeitig Anschlüsse an die professionelle Welt des Fußballs. Jeder ‚kleine' Fußballverein stellt in diesem Sinne eine glokalisierte soziale Welt dar, die charakterisiert ist durch spezifische Praktiken sowie bestimmte interne und externe Diskurse oder identitätsbezogene Narrative. Die vorherrschenden Erzählungen dieser Art sind innerhalb eines Vereins häufig definiert durch die Betonung sozialer Werte (Krossa und Naglo 2019). Gleichzeitig sind sie aber auch sprachlich geformt durch die globale und professionelle Welt des Fußballs.

Der Wandel der Vereine geht jeweils mit einer systematischen Neuausrichtung und Revitalisierung einher, wobei im Zentrum umfassende strategische Planungen für den ökonomischen und sportlichen Bereich stehen – *Vision 2020* bzw. *Project 2020* seien hier nochmal genannt. Diese Pläne sind in den Diskursen rund um die Transformationsprozesse wiederum anschlussfähig an die lokale Gemeinschaft und auch an allgemeingültige Werte, wie Solidarität, Fairness oder Toleranz. Insgesamt können solche Ansätze, die jeweiligen Vereinsidentitäten neu zu definieren, als Beispiele eines *symbolischen Aktivismus* aufgefasst werden. Die Installation des Kunstrasens, im Wesentlichen initiiert durch die sozialen Akteure der beiden Vereine, führt dabei zu einer Neudefinition ihrer sozialen Welt und letztlich – so lässt sich festhalten – zur Wahrnehmung einer (vorläufigen) Überwindung der Krise.

Zusammenfassend lässt sich für den internationalen Vergleich anhand der beiden Vereine Malvern Town FC und BSV Bielstein eine *Ästhetik des Wandels* mit Legitimierungsstrategien im Rahmen von Krise konstatieren: Diese kann verknüpft werden mit Bezugnahmen auf Professionalismus oder den Willen, professionellere Strukturen aufzubauen und damit auf den globalen Profifußball. Lokal gehört dazu die forcierte Mobilisierung von Sponsoren und Mitgliedern sowie die Einforderung und Betonung ihrer Loyalität in je unterschiedlichen Ausprägungen, sowie die Behauptung der Ausweitung eines sozialen Engagements, das den Verein vermeintlich ins Zentrum der lokalen Gemeinschaft rückt. Die jeweilige Neubewertung der Sportanlage und damit des Gesamtvereins wiederum kann insgesamt betrachtet werden als Beispiel eines *symbolischen Aktivismus*, in den hier dargelegten Fällen verbunden mit Ansätzen sozialen Unternehmertums. Natürlich existieren auch Vereine oder Zusammenschlüsse (z. B. *Bunte Ligen*, *Freizeitvereine*), die sich vermeintlich genau in die entgegengesetzte Richtung entwickeln und sich – ebenfalls ganz im Sinne des *symbolischen Aktivismus* – als subkulturelle Erscheinungen verstehen und stilisieren, etwa indem sie besondere Bezüge zum Sozialen (Integration, Diversität, Bildung) herstellen, hier ihr Kerngeschäft verorten und sich eher als ‚große Familie' begreifen denn als Sportverein, in dem Gleichgesinnte vor allem interessegeleitet ihrer Leidenschaft nachgehen. Solche Einzelfälle könnten zukünftig eine bedeutsame Erweiterung des Vergleichssettings darstellen, auch hinsichtlich der Frage, wie sie mit der ambivalenten Opposition von *Leistung* und *Spaß* im Fußball umgehen.

Internationaler Jugendfußball in der südwestdeutschen Provinz

Nach Robertson (1992) ist Glokalisierung eine *Re*kontextualisierung von globalen Phänomenen auf der lokalen Ebene. Dabei unterstellt er gegenseitige Einflüsse des Universellen und Partikularen. Kulturelle Globalisierung findet demnach Ausdruck sowohl als Homogenisierung als auch als Heterogenisierung und konstituiert in der Folge ambivalente Räume mit zum Teil paradoxen Elementen und Interaktionen (*duality of glocality*). Globalisierung führt also nicht automatisch zu einer den ganzen Planeten umfassenden Homogenisierung, sondern – im Gegenteil – zu einer engeren Verflechtung zwischen globalen Kräften und dem Lokalen, die dann wiederum spezifische Formen *glokaler Materialisierungen* zur Folge hat. Der *Keramik-Cup* ist exemplarisch in diesem Zusammenhang.

Der *Keramik-Cup* als Fußballturnier kann zunächst als Beispiel der zunehmenden *Eventisierung* von Gegenwartsgesellschaften betrachtet werden. Zum einen bietet ein solcher Wettbewerb ähnliche Formen potenzieller Vergemeinschaftung wie Sportgroßereignisse und kann entsprechend als ‚Sinn-Angebot' im Kontext der ‚zweiten Moderne' gelten (Beck 1986, 2007; Giddens 1991).[2] Gleichzeitig können solche Veranstaltungen potenziell Verbindungen zwischen *Traditionalität* und *Posttraditionalität* (vgl. Hitzler 1998) schaffen. Insbesondere im lokal verankerten Fußball werden Events häufig direkt mit dem Begriff der Gemein-

[2] „Das Event ist also (weiterhin) die – wenn auch flüchtige – Antwort auf die stete Frage danach, wo Menschen was wie erleben können, wie sie sich verhalten sollen und wer sie als Person (wenigstens für die Zeit des Events) sind. Zu konstatieren ist zudem eine Entwicklung, bei der immer mehr Bereiche in Gegenwartsgesellschaften mit einer bestimmten Art kultureller Erlebnisangebote durchzogen und dergestalt sozusagen ‚verspaßt' werden. Dabei werden sowohl überkommene Formen kultureller Veranstaltungen (…) mit neuen oder aus anderen Zusammenhängen übernommenen Unterhaltungselementen und Konsumangeboten angereichert, als auch vervielfältigen sich solche künstlichen Ereignisse, die bereits von vornherein als Events konzipiert sind" (Betz et al. 2016, S. 23).

schaft in Zusammenhang gebracht – auch weil paradoxerweise neben der Herstellung des Spektakulären, die Konzepte von *Authentizität* und *Traditionalität* im Fußballkontext weiter von besonderer Bedeutung sind.

Die Betrachtung der Welt des *glokalisierten Jugendfußballs* anhand des Events zeigt, dass in diesem Raum implizite Vorstellungen des Lokalen, Nationalen und Globalen zirkulieren, die aber als solche nie explizit von den Teilnehmern thematisiert werden. Trotzdem sind sie klar sichtbar, weil die dazugehörigen Praktiken öffentlich sind. Damit tragen sie grundlegend auch zur Konstruktion spezifischer Formen von *Lokalität* und *Translokalität* bei, in denen beide Elemente eine enge Verbindung eingehen (vgl. Langenohl 2015a; Appadurai 1996).[3] Folglich kann Jugendfußball – angesichts des überragenden Einflusses der Massenmedien – wie etwa auch der nicht-professionelle Fußball nicht als vor allem isoliertes und lokales Phänomen betrachtet werden, wie häufig unterstellt.

Als international besetztes Hallenturnier für Jugendmannschaften in der *Westerwälder Provinz*, an dem Mannschaften von professionellen und nicht-professionellen Fußballvereinen teilnahmen, repräsentierte das Turnier – in mehreren Hinsichten – eine *Arena* (vgl. Strauss 1993, S. 225 f.). In ihr trafen Elemente der *Professionalität* und des *Amateurismus* sowie von *Globalität* und *Lokalität* und weitere je unterschiedliche Relevanzsysteme aufeinander und entwickelten darin neue, eigene, gemeinsame Formen. Dabei traten allerdings Interpretations- und Übersetzungsprobleme zwischen Lokalisierung und Professionalisierung auf, die wiederum den ambivalenten und zum Teil paradoxen Charakter der Fußballwelt zu Tage treten lassen. Der Jugendfußball scheint dabei in besonderem Maße geeignet zu sein, Bezüge auf kulturelle Versatzstücke oder Imaginäre des professionellen Fußballs und das Einverleiben dieser zu verdeutlichen. Trotz der sich auf allen Ebenen des Events diskursiv manifestierenden Aneignungen ‚professioneller' Maßstäbe, zeigte sich auf der Ebene der Praktiken und der konzeptuellen Rahmung, dass es sich um spezifische Interpretationen des Professionellen und des Globalen handelte und nicht um deren einfache Imitation.

Auch für den Keramik-Cup ließ sich, vergleichbar mit dem oben besprochenen Fall, eine *Ästhetik des Wandels* mit spezifischen Legitimierungsstrategien feststel-

[3] Langenohl (2015a, S. 44 f.) schreibt: „*Locality* (Herv. i. Original, K.N.) is the subjective quality of situatedness that has to be built and achieved through social, cultural, and other processes of localization (…). This implies that localities are the result of *localization work* (Herv. i. Original, K.N.). Such a notion of locality and localization (…) can be linked to the following concept of *trans-locality* (Herv. i. Original): deviating from Appadurai, trans-locality does not refer to an undermining of locality as a fundamental principle of sociation but to a spatially indexed transcendence of the particular site that is involved in, and emerges from the social process of localization."

len: Das verlegen des künstlichen Rasens anstatt des synthetischen Hallenbodens sorgte für die Vorstellung einer in jeder Hinsicht besseren und authentischeren Fußballerfahrung. Der Kunstrasen imitiert dabei den herkömmlichen Rasen in der Halle, wodurch eine symbolische Umdeutung des Events und die Entstehung von etwas Neuem durch eine direkte Anlehnung an Versatzstücke aus dem spektakulären Profifußball möglich wird. Im Vergleich zu den Kunstrasenprojekten der beiden Vereine im ersten Beispiel, wo die künstlichen Spielflächen das Fortbestehen der Gemeinschaft und die Anbindung an den professionalisierten Fußball sichern (sollen), geht es beim *Turnierevent* vor allem darum, Aufmerksamkeit zu erregen,[4] was schließlich auf das Konzept der *Erlebnisrationaliät* von Gerhard Schulze (1992) verweist, indem „der Erfolg des jeweils einen Events allerdings den Konkurrenzdruck auf andere (verstärkt), mit wenigstens ebenso vielen, besser: mit noch mehr Sinnes- und sonstigen Anreizen ausgestattet und dergestalt aufgeladen zu werden. Infolgedessen steigt generell das Niveau der Aufladungserwartung, während der durch Aufladung erzielte Aufmerksamkeitsgewinn des einzelnen Events abnimmt. In Reaktion darauf müssen immer neue Aufladungskonzepte erfunden oder übernommen und appliziert werden (und so weiter und so fort). Eventisierung hat dementsprechend alle Merkmale einer sich drehenden Überbietungsspirale“ (Betz et al. 2016, S. 23 f.). Die Schwierigkeit und schließlich das offensichtliche Scheitern, das Turnier nach einer erzwungenen, längeren Pause (Corona!) fortzusetzen, verdeutlicht diese Problematik.

Nachwuchsleistungszentrum und Schule

Die Ausführungen zum Nachwuchsleistungszentrum von Mainz 05 und der Partnerschule machen deutlich, dass die soziale Welt des deutschen Elite-Juniorenfußballs auf der Grundlage einer als existenziell wahrgenommenen Krise seit dem Jahrtausendwechsel runderneuert wurde. Der Ausgangspunkt dieser Initiativen war ein allumfassendes Krisennarrativ, dass von der DFB-Führung und den Medien gerahmt und gestützt wurde. Das ‚Überleben‘ des deutschen Fußballs (‚in der Weltspitze‘) diente als legitimierendes Ziel für Veränderungen und die Generalüberholung des Systems der Talentförderung. Effizienz und Optimierung wurden dabei in den Vordergrund gerückt, im Vergleich zu ‚Gemeinschaftsaspekten‘ und der ‚Erregung von Aufmerksamkeit‘ in den beiden anderen Fällen, wobei Optimierung natürlich in allen Fällen eine nicht unwesentliche Rolle spielte, wenn auch nicht im gleichen Ausmaß. Das Fallbeispiel des NLZ veranschaulichte weiter, wie Akteure zweier eigentlich unterschiedlicher sozialer Welten (NLZ und Schule –

[4] Die Verbindung zum Profifußball ist ja bereits durch das Teilnehmen prominenter Vereine aus diesem Bereich abgesichert.

Fußball und Bildung) eine Verbundenheit entwickeln und in Kontexten sozialen Wandels, Krisen und Identitätsaspekten auf der Grundlage gleicher Werte kooperieren können, indem sie ähnliche Ziele in ihrem Versuch der *Selbstoptimierung* der jeweiligen Institutionen verfolgen.

Das neu entwickelte Netz der Talentförderung bzw. -auswahl verkörpert stattdessen vor allem eine Professionalisierung der Talentförderung bzw. Neuausrichtung des deutschen Jugendfußballs unterhalb der professionellen Ebene. Die Kooperation scheint jedenfalls beide Institutionen zu stärken, da hier Synergien ermöglicht werden in einem Rahmen systematischer Verbindungen von Effizienz und Optimierung, eine Tendenz, die den Fußball der Gegenwart mehr und mehr charakterisiert.

Was sind also die Aussichten des sich ständig (zumindest sportlich) optimierenden deutschen Systems der Talentförderung und der entsprechenden sozialen Welten? Interessant ist hier das gelegentliche Aufscheinen von Kritik innerhalb des Systems: Einer der leitenden Trainer in einem Lizenzkurs zur Ausbildung von Trainerinnen und Trainern äußerte beispielsweise Zweifel an der aus seiner Sicht *exzessiven Umsorgung* der Spieler, die typisch zu sein scheint für den professionellen – zumindest männlichen – Jugendfußball in Deutschland. Als Beispiel erwähnte er die UEFA-U-17 Europameisterschaft in Irland 2019, wo er als Teil des deutschen Betreuungs- und Trainerteams beteiligt war. Die deutsche Mannschaft verpasste damals die Qualifikation für die Ausscheidungsspiele, während z. B. das ungarische Team die Gruppenphase überstand und sich somit für die anstehende Weltmeisterschaft qualifizierte. Die Deutschen reisten mit einer Belegschaft von 28 Personen, „jeder mit zwei neuen ‚Samsonite-Koffern' und einem extra Outfit für jeden Tag des Turniers", erinnerte sich der Trainer. Ungarn hatte im Vergleich nur 10 Personen im Stab und wendete insgesamt deutlich weniger Ressourcen auf, was den deutschen Ansatz aus seiner Sicht grundsätzlich in Frage stellte. Ein weiterer kritischer Aspekt wurde vom den Kurs insgesamt leitenden (Verbands)Trainer angesprochen. Er bezeichnete die Arbeit derjenigen Fitness-Trainerinnen und Trainer im Fußball, die für die Aufwärm-Prozeduren der professionell Spielenden verantwortlich sind mehrfach als ‚sinnlos' und knüpfte dies kausal an die Kapazität der Spieler, autonom auf dem Platz zu entscheiden: „Wenn man ihnen nicht vertrauen kann, sich selbstständig aufzuwärmen, wie will man ihnen dann zutrauen, selbständig Entscheidungen auf dem Platz zu treffen?" Seiner Einschätzung zur Folge „haben wir u. U., wenn es um die Professionalisierung des Trainings geht, das Ende unserer Kapazitäten erreicht". „Allerdings", so merkte er an, „gibt es noch sehr viel Potential im Bereich der kognitiven und emotionalen Entwicklung der Spieler". Diese Perspektive zeigt eine typische Haltung in diesem Kontext, sich auszeichnend durch das weitgehende Ausbleiben einer kritischen Reflexion des alltäglichen Trainingsbetriebs und das einfache Verschieben der Optimierungsidee in den nächsten Bereich (‚emotionales bzw. kognitives Talent'), was wiederum die Frage aufwirft, was auf die *Hyperprofessionalisierung* der letzten beiden Dekaden folgen wird. Sämtliche Entwicklungen sind jedenfalls charakteristisch für die ambivalente Welt des Fußballs, die sich letztlich von Krise zu Krise zu hangelt.

6 Fazit

Eine Ausgangsthese des Buchs lautete, dass Paradoxien, Widersprüche und Ambivalenzen Teil der sozialen Welt des nicht-professionellen Fußballs sind. Das Prozessieren dieser Aspekte wird hier als Triebfeder zur Rekonstruktion des Fußballs und zu einer *Re*definition impliziter Grenzziehungen gegenüber dem professionellen Fußball angesehen. Folgt man Robertson (1992), dann beinhaltet *Glokalisierung* den Versuch, globale Phänomene lokal zu kontextualisieren, wobei er von gegenseitigen Einflüssen des *Universalen* und des *Partikularen* ausgeht. Die kulturelle Globalisierung drückt sich darüber hinaus in gleichzeitiger *Homogenisierung* und *Heterogenisierung* aus, was zur Konstruktion ambivalenter Bedeutungsräume beiträgt. Es lässt sich daraus folgern, dass der nicht-professionelle Fußball *glokale Welten* repräsentiert, in denen soziale Akteure globale Phänomene nach ihren spezifischen Glaubensvorstellungen und lokalen Bedürfnissen in bestimmten zeitlichen und räumlichen Zusammenhängen (*re*)interpretieren, wodurch neue Formen des Sozialen emergieren. In den hier analysierten Fallbeispielen wurden diese Zusammenhänge sichtbar, verbunden mit spezifischen Vorstellungen zu den Konzepten *Krise*, *Event* und *Optimierung*. So verkörpert der nicht-professionelle Fußball sowohl das nicht-professionelle als auch das professionelle Spiel: Neben der Betonung von Gemeinschaft, Spaß, Aufmerksamkeitserregung, Gleichberechtigung und sozialen Werten geht es dabei immer auch um die Aushandlung von Macht (Hierarchien!) und die Bezugnahme auf Wettbewerb, Leistung, Erfolg und Optimierung.

In methodologischer Hinsicht stellt der international vergleichende, prozessorientierte, mikrosoziologische und explorativ-qualitative Ansatz die dominante *romantisierende* und *exotisierende* Sichtweise auf den nicht-professionellen Fußball in Frage. Vielmehr wurde die Legitimierung durch Tendenzen der

K. Naglo, *In Fußballwelten*, Erlebniswelten,
https://doi.org/10.1007/978-3-658-31553-5_6

Professionalisierung, Rationalisierung und Homogenisierung offengelegt: Global-professionelle Diskurse stehen der lokalen, nicht-professionellen Welt des Fußballs eben nicht diametral gegenüber. Grundsätzlich wird hier davon ausgegangen, dass wir den Charakter kleiner Fußballwelten nur dann angemessen verstehen können, wenn wir die globale Welt des professionellen Fußballs gleichwertig mit in den Blick nehmen.

Literatur

Adelmann, Ralf, und Markus Stauff. 2003. Die Wirklichkeit in der Wirklichkeit. Fernsehfußball und mediale Wissenskultur. In *Querpässe. Beiträge zur Literatur-, Kultur- und Mediengeschichte des Fußballs*, Hrsg., Ralf Adelmann et al., 103–124. Heidelberg: Synchron.

Ahlrichs, Rolf, und Fabian Fritz. 2021. Sportvereine als Orte von politischer Bildung und Demokratiebildung. *Forum Kind Jugend Sport* 2: 6–14.

Anderson, Benedict. 1991. *Die Erfindung der Nation. Zur Karriere eines folgenreichen Konzepts. Erweiterte Neuausgabe*. Frankfurt a. M.: Campus.

Andreff, Wladimir (2006): Voluntary work in sport. In: Wladimir Andreff/Stefan Szymanski: Handbook on the Economics of Sport. Cheltenham: Edward Elgar, S. 219–224

Appadurai, Arjun. 1996. *Modernity at Large. Cultural Dimensions of Globalization*. Minneapolis: University of Minnesota Press.

Austin, John L. 1962. *How to do Things with Words*. Hg. v. J.O. Urmson / M. Sbisa. London: Oxford University Press. Deutsch: *Zur Theorie der Sprechakte*. Hg. v. E. v. Savigny (1972). Stuttgart: Reclam.

Bahr, Eberhard. 2007. *Weimar on the Pacific: German Exile Culture in Los Angeles and the Crisis of Modernism*. St. Oakland: University of California Press

Barthes, Roland. 1964. *Mythen des Alltags*. Frankfurt am Main: Suhrkamp.

Baudrillard, Jean. 1993. *The Transparency of Evil. Essays on Extreme Phenomena*. London: Verso.

Beck, Ulrich. 1986. *Risikogesellschaft. Auf dem Weg in eine andere Moderne*. Frankfurt am Main: Suhrkamp.

Beck, Ulrich. 2007. *Weltrisikogesellschaft. Auf der Suche nach der verlorenen Sicherheit*. Frankfurt am Main: Suhrkamp.

Beichelt, Timm. 2018. *Ersatzspielfelder – Zum Verhältnis von Fußball und Macht*. Frankfurt a. M.: Suhrkamp.

K. Naglo, *In Fußballwelten*, Erlebniswelten,
https://doi.org/10.1007/978-3-658-31553-5

Benhabib, Seyla. 2002. *The Claims of Culture: Equality and Diversity in the Global Era.* Princeton University Press, Princeton.

Bette, Karl-Heinrich. 2011. *Sportsoziologische Aufklärung*. Bielefeld: transcript.

Bette, Karl-Heinrich. 2019. *Sporthelden. Spitzensport in postheroischen Zeiten.* Bielefeld: transcript.

Bette, Karl-Heinrich/Felix Kühnle. 2023. *Flitzer im Sport. Zur Sozialfigur des Störenfrieds.* Bielefeld: transcript.

Betz, Gregor J., Paul Eisewicht, und Arne Niederbacher. 2016. Alltäglichkeit des Außeralltäglichen? Anthropologische, historische und zeitdiagnostische Bemerkungen zur Eventisierung. In *Wettkampf im Fußball – Fußball im Wettkampf*, herausgegeben von Judith von der Heyde und Jochem Kotthaus, 16–26. Weinheim: Beltz Juventa.

Beyer, Peter, Hrsg. 2022. *Globalization/Glocalization: Developments in Theory and Application: Essays in Honour of Roland Robertson.* Brill: Leiden.

Bourdieu, Pierre. 1987. *Sozialer Sinn. Kritik der theoretischen Vernunft.* Frankfurt a. M.: Suhrkamp.

Bourdieu, Pierre. 1990. *Was heißt Sprechen? Die Ökonomie des sprachlichen Tausches.* Wien: new academic press.

Bourdieu, Pierre. 1991. *Language and Symbolic Power.* Cambridge: Polity Press.

Brandt, Christian, und Kristian Naglo. 2025. Patrons in German lower league football: a qualitative case study. *Soccer & Society*, *26*(2): 234–245. https://doi.org/10.1080/14660970.2024.2446057.

Brandt, Kristian, Jochem Kotthaus und Kristian Naglo, Hrsg., Amateurfußball – Fußball der Amateur_innen. Fußball und Gesellschaft – FuG, Heft 1, 2. Jahrgang 2020. Opladen: Verlag Barbara Budrich.

Braun, Jutta. 2013. Zuschauersport im Staatssozialismus: Fußball in der DDR. In *Geschichte des Fußballs in Deutschland und Europa seit 1954*, Hrsg. W. Pyta, 171–182. Stuttgart: Kohlhammer, 2013.

Braun, Katherine, und Yvonne Franke. 2020. Ein Fußballspieler und die situativen Formen des Ausschlusses. In *Ethnographie und Diversität. Wissensproduktion an den Grenzen und die Grenzen der Wissensproduktion*, Hrsg. Halyna Leontiy, Miklas Schulz, 104–108. Springer VS, Wiesbaden.

Breidenstein, Georg et al. 2013. *Ethnografie: Die Praxis der Feldforschung*. Stuttgart: UTB.

Bretschneider, Christoph. 2008. *Geld für Amateure – Vereine für Jugendliche? Eine Untersuchung zur Jugendarbeit im so genannten Amateurfußball.* Schorndorf: Hofmann-Verlag.

Bromberger, Christian (1998): Fußball als Weltsicht und Ritual. In: (Hrsg.): *Ritualtheorien*, Hrsg. Andréa Belliger, 285–301. Wiesbaden: Westdeutscher Verlag.

Burawoy, Michael, Hrsg. 2000. *Global Ethnography: Forces, Connections and Imaginations in a Postmodern World.* University of California Press.

Burkhardt, Armin. ‚Der deutsche Fußball und seine Sprache. Ein Beitrag zur Fach und Sondersprachendidaktik im DaF- Unterricht'. *Brünner Hefte zu Deutsch als Fremdsprache* 3, no. 2 (2010): 149–166.

Curry, Graham. 2004. Playing for money: James J. Lang and emergent soccer professionalism in Sheffield. In *Soccer & Society*, 5:3, 336–355.

Degele, Nina. 2004. Sich schön machen. Zur Soziologie von Geschlecht und Schönheitshandeln. Wiesbaden: VS.

Degele, Nina. 2013. *Fußball verbindet – durch Ausgrenzung*. Wiesbaden: Springer VS

Degele, Nina. 2014. Ich dusch nur mit dem Arsch zur Wand: Verletzungsmacht und Verletzungsoffenheit als simultane Konstruktion von Heteronormativität. In Anthony Waine, und Kristian Naglo, Hrsg., *On and Off the Field*, 85–104. Wiesbaden: Springer VS.

Dietrich, Marc, und Heidi Süß. 2023. *Rap & Rassismus. Zur Aushandlung von Rassismus in Musikvideos, (Szene-)Medien und Social Media*. Weinheim: Beltz Juventa

Digel, Helmut et al. 2004. Hochleistungssport im internationalen Vergleich. *Aus Politik und Zeitgeschichte*, B 26/2004. http://www.bpb.de/apuz/28248/sport-und-politik-gesellschaft, Zugriff, 1.8.2025.

Dowling, Michael, Jonathan Edwards, und Marvin Washington. 2014. Understanding the concept of professionalisation in sport management research. *Sport Management Review*, *17*(4): 520–529.

Dubiel, Helmut. 1994. *Ungewißheit und Politik*. Frankfurt a.M.: edition suhrkamp.

Dürrschmidt, Jörg. 2006. Roland Robertson: Kultur im Spannungsfeld der Glokalisierung. In Stephan Möbius, und Dirk Quadflieg, Hrsg., *Kultur. Theorien der Gegenwart*, 519–530 Wiesbaden: VS Verlag.

Eagleton, Terry. 2017. *Kultur*. Berlin: Ullstein.

Eco, Umberto. 1987. *Travels in Hyperreality*. London: Picador.

Ehlich, Konrad. 2004. The Future of German and Other Non-English Languages for Acadamic Communication. In Andreas Gardt, Bernd Hüppauf, Hrsg. *Globalization and the Future of German*, 173–184. Berlin: De Gruyter.

Ehlich, Konrad. 2007. *Sprache und sprachliches Handeln. Band 1: Pragmatik und Sprachtheorie*. Berlin: De Gruyter.

Ehlich, Konrad, und Rehbein, Jochen. 1986. *Muster und Institution: Untersuchungen zur schulischen Kommunikation*. Tübingen: Narr (Kommunikation und Institution 15).

Eisenberg, Christiane. 1999. *‚English Sports' und deutsche Bürger. Eine Gesellschaftsgeschichte 1800–1939*. Paderborn: Schöningh.

Eisenberg, Christiane/Gestrich, Andreas. 2012. Cultural Industries as a Field of Historical Research: Approaches, Analytical Dimensions, Long-term Perspectives. In Christiane Eisenberg, Andreas Gestrich, Hrsg., *Cultural Industries in Britain and Germany. Sport, Music and Entertainment from the Eighteenth to the Twentieth Century*, 3–22. Augsburg: Wißner Verlag

Eisenstadt, Shmuel N. 2000. Multiple Modernities. *Daedalus*, 129(1): 1–29.

Elias, Norbert. 2003. Sport und Gewalt. In *Sport und Spannung im Prozess der Zivilisation*, Hrsg. Norbert Elias, Eric Dunning, 273–315. Frankfurt am Main: Suhrkamp.

Elias, Norbert/Dunning, Eric (1984): *Sport im Zivilisationsprozess: Studien zur Figurationssoziologie*. Münster: LIT

Elliott, Richard. 2014. Reinventing the Past: Youth and National Team Development in England and Germany. In *On and off the Field: Football Culture in England and Germany*, Anthony Waine, Kristian Naglo, Hrsg., 157–173. Wiesbaden: Springer, 2014.

Ernst, Peter. 2002. *Pragmalinguistik. Grundlagen. Anwendungen, Probleme*. Berlin/New York: de Gruyter

Fisch, Jörg. 1992. ‚Zivilisation, Kultur'. In *Geschichtliche Grundbegriffe. Historisches Lexikon zur politisch-sozialen Sprache in Deutschland*, vol. 7, Otto Brunner et al., Hrsg., 679–774. Stuttgart: Klett-Cotta.

Fischer-Lichte, Erika. 1998. Inszenierung und Theatralität. In *Inszenierungsgesellschaft*, Helmut Willems, Martin Jurga, Hrsg., 81–90. VS Verlag für Sozialwissenschaften.

Fürtjes, Oliver. 2014. Fußballfans und sozialer Wandel – Die Verbürgerlichungsthese im historischen Ländervergleich zwischen England und Deutschland. In *On and Off the Field* Anthony Waine, Kristian Naglo, Hrsg., 129–156. Wiesbaden: Springer VS.

Gebauer, Gunter. 2001. Die Bundesliga, In *Deutsche Erinnerungsorte II*, Hrsg. François Etienne, Hagen Schulze, 450–465. München: Beck.

Gebauer, Gunter. 2003a. Nationale Repräsentationen durch Fußball. In *Querpässe. Beiträge zur Literatur-, Kultur- und Mediengeschichte des Fußballs*, Ralf Adelmann et al., Hrsg., 13–26. Heidelberg: Synchron.

Gebauer, Gunter. 2003b. Fußball als Spiel der symbolischen Macht. In *Querpässe. Beiträge zur Literatur-, Kultur- und Mediengeschichte des Fußballs*, Ralf Adelmann et al., Hrsg. 91–102. Heidelberg: Synchron.

Gebhardt, Winfried, Ronald Hitzler, und Michaela Pfadenhauer. 2000. *Events. Soziologie des Außergewöhnlichen*. Wiesbaden: Springer VS.

Geuss, Raymond. 1999. *Morality, Culture and History. Essays on German Philosophy*. Cambridge: Cambridge University Press.

Giddens, Anthony. 1991. *Modernity and Self-Identity*. Stanford: Stanford University Press.

Giulianotti, Richard. 1999. *Football. A sociology of the global game*. Cambridge: Polity

Giulianotti, Richard. 2005. *Sport: A Critical Sociology*. Cambridge: Polity.

Giulianotti, Richard. 2016. Glocalization and global sport. In *Global culture: consciousness and connectivity*, Roland Robertson, Didi Bulhari-Gulmez, Hrsg., 127–142. Farnham, Surrey; Burlington, VT: Ashgate Publishing.

Giulianotti, Richard, und Robertson, Roland. 2007. *Globalization and Sport*. Oxford: Blackwell.

Giulianotti, Richard, und Roland Robertson. 2009. *Globalization & Football*. London: Sage.

Giulianotti, Richard, und Roland Robertson. 2012. Glocalization and Sport in Asia: Diverse Perspectives and Future Possibilities. In: *Sociology of Sport Journal*, Volume 29 Issue 4/2012: 433–454.

Glaser, Barney G., und Anselm L. Strauss. 1967. *The Discovery of Grounded Theory: Strategies for Qualitative Research*. New Brunswick: Aldine Transaction

Gmünder, Stefan, und Klaus Zeyringer. 2018. *Das wunde Leder. Wie Kommerz und Korruption den Fußball kaputt machen*. Edition Suhrkamp: Berlin

Göttlich, Andreas. 2008. König Fußballs neue Kleider: Die Integrationsvorstellungen deutscher Sportverbände. In *Mittendrin im Abseits*, Sieghard Neckel, Hans-Georg Soeffner, Hrsg., 211–234. VS Verlag für Sozialwissenschaften.

Grundlingh, Albert. 2013. *Potent Pastimes: Sport and Leisure Practices in Modern Afrikaner History*. Protea Boekhuis: Pretoria

Gugutzer, Robert, und Moritz Böttcher. 2012. *Körper, Sport und Religion. Zur Soziologie religiöser Verkörperungen*. Wiesbaden: Springer VS

Hardy, Stephen. 1986. Entrepreneurs, Organizations, and the Sport Marketplace: Subjects in Search of Historians. In *Journal of Sport History*, 13, no. 1: 14–33.

Hardy, Stephen, Loy, John and Douglas Booth. 2009. The Material Culture of Sport: Toward a Typology. In *Journal of Sport History*, 36, no. 1: 129–152.

Harris, Anne. 2014. *The Creative Turn. Toward a New Aesthetic Imaginary*. Rotterdam: Sense Publishers

Havemann, Nils. 2005. *Fußball unterm Hakenkreuz: Der DFB zwischen Sport, Politik und Kommerz*. Frankfurt/New York: Campus.

Havemann, Nils. 2006. *Fußball unterm Hakenkreuz*. Bundeszentrale für politische Bildung/ APuZ 19/2006: 33–38.

Havemann, Nils. 2014. *Samstags um halb 4: die Geschichte der Fußballbundesliga*. Frankfurt/New York: Campus.

Hecken, Thomas. 2009. *Pop. Geschichte eines Konzepts (1955–2009)*. Bielefeld: Transkript.

Herzog, Markwart, Hrsg. 2008. *Fußball zur Zeit des Nationalsozialismus. Alltag – Medien – Künste – Stars*. Stuttgart: Kohlhammer, 2008.

Hesse-Lichtenberger, Ulrich. 2002. *Tor! The Story of German Football*. London: WSC Books.

Heyde von der, Judith, und Kotthaus, Jochem, Hrsg. 2016. *Wettkampf im Fußball – Fußball im Wettkampf*. Weinheim: Beltz Juventa.

Hickethier, Knut, und Peter Hoff. 1998. Auf dem Wege zum Massenmedium – Der Ausbau des DDR-Fernsehens von 1956 bis 1961. In *Geschichte des deutschen Fernsehens*, Knut Hickethier, Peter Hoff, Hrsg., 181–197. Stuttgart: J.B. Metzler.

Hitzler, Ronald. 1991. Ist Sport Kultur? In *Zeitschrift für Soziologie*. Jg. 20, Heft 6: 479–487.

Hitzler, Ronald. 1998. Posttraditionale Vergemeinschaftung. Über neue Formen der Sozialbindung. In *Berliner Debatte Initial*, 9 (1): 81–89.

Hitzler, Ronald (2011): Eventisierung. Drei Fallstudien zum marketingstrategischen Massenspaß. Wiesbaden (VS)

Hitzler, Ronald. 2015. Das Event – ein Signum unserer Zeit. In *Gesellschaft. Wirtschaft. Politik. Sozialwissenschaften für politische Bildung*, 64(2): 251–258.

Hitzler, Ronald, Jo Reichertz, und Norbert Schröer (Hrsg.). 2020. *Kritik der Hermeneutischen Wissenssoziologie*. Weinheim: Beltz Juventa.

Hitzler, Ronald, und Paul Eisewicht. 2016. *Lebensweltanalytische Ethnographie – im Anschluss an Anne Honer* (Reihe ‚Standards standardisierter und nichtstandardisierter Sozialforschung'). Weinheim: Beltz Juventa.

Hitzler, Ronald, und Michaela Pfadenhauer. 2001. *Techno-Soziologie. Erkundungen einer Jugendkultur*. Wiesbaden: Springer VS.

Hitzler, Ronald, und Michaela Pfadenhauer. 2009. „Vergesst die Party nicht!". In Hrsg. Helmut Willems, *Theatralisierung der Gesellschaft*. Wiesbaden: Springer VS.

Hobsbawm, Eric J. 1992. *Nationen und Nationalismus Mythos und Realität seit 1780*. Campus: Frankfurt a. M.

Hoffmann, Ludger. 2002. Rechtsdiskurse zwischen Normalität und Normativität. In: Ulrike Haß-Zumkehr, Hrsg., 2002. *Sprache und Recht*. Berlin/New York: de Gruyter, 80–99.

Holt, Richard. 1989. *Sport and the British. A Modern History*. Oxford: Oxford University Press.

Honigstein, Raphael. 2006. *Harder, better, faster, stronger: Die geheime Geschichte des englischen Fußballs*. Köln: KiWi-Taschenbuch.

Honigstein, Raphael. 2015. Das Reboot. How German Football invented itself and cinquered the World. München: Penguin Random House.

Honigstein, Raphael. 2016. *Das Reboot: How German Football Reinvented Itself and Conquered the World*. München: Penguin Random House.

Horkheimer, Max/Adorno, Theodor W. 2003. *Dialektik der Aufklärung*. Frankfurt a. M.: Fischer.

Hörning, Karl H., und Julia Reuter, Hrsg. 2004. *Doing Culture. Neue Positionen zum Verhältnis von Kultur und sozialer Praxis*. Bielefeld: transcript.

Inglis, David. 2005. *Culture and Every Day Life*. London: Routledge.

Irwin, Colin. 2008. *Sing When You're Winning: Großbritanniens Fußballfans, ihre Songs und eine Suche nach der Seele des Spiels*. Quickborn: Buchverlag Trolsen.

Jähner, Harald. 2022. *Höhenrausch. Das kurze Leben zwischen den Kriegen*. Leipzig: Rowohlt Verlag.

Jütting, Dieter H., Hrsg. 2004. *Die lokal-globale Fußballkultur – wissenschaftlich beobachtet*. Münster: Waxmann Verlag.

Kaube, Jürgen. 2018. *Lob des Fußballs*. München: C. H. Beck.

Kautt, York. 2014. Profifußball und Nationalität im Netz der Bilder – das Beispiel der Europameisterschaft 2012 im Spiegel deutscher und englischer Printmedien. In Anthony Waine, A., Kristian Naglo, Hrsg., *On and Off the Field*, 193–214. Wiesbaden: Springer VS.

Kautt, York. 2019. *Soziologie Visueller Kommunikation. Ein sozialökologisches Konzept*. Wiesbaden: Springer VS.

Keim, Inken. 2007. Internationale Soziolinguistik und kommunikative, soziale Stilistik. In *Sociolinguistica,* H. 1: 70–91.

Keller, Reiner. 2005. *Wissenssoziologische Diskursanalyse. Grundlegung eines Forschungsprogramms*. Wiesbaden: VS-Verlag.

Keller, Reiner. 2012. Das Interpretative Paradigma. Wiesbaden: VS-Verlag. https://doi.org/10.1007/978-3-531-94080-9_1.

Kellermann, Guido. 2007. *Lebenswelten von Amateurfußballspielern. Theoretische Reflexionen und empirische Analyse*. Münster: Waxmann Verlag.

Kelly, William W. 2007. Is Baseball a Global Sport? America's "National Pastime" as Global Field and International Sport. In Richard Giulianotti, Roland Robertson, Hrsg., *Globalization and Sport*, 79–93. Oxford: Blackwell.

Klein, Gabriele, und Michael Meuser, Hrsg. 2008. *Ernste Spiele. Zur politischen Soziologie des Fußballs*. Bielefeld: transcript.

Knoblauch, Hubert. 2001. Fokussierte Ethnographie. In *sozialersinn* 1: 123–141.

Kotthaus, Jochem. 2019. Editorial: Mediale Konstruktionen und Events des Fußballs. *Zeitschrift für Fußball und Gesellschaft* 1 (2): 3–11.

Koselleck, Reinhart. 2006. *Begriffsgeschichten: Studien zur Semantik und Pragmatik der politischen und sozialen Sprache*. Frankfurt a.M.: Campus.

Krossa, Anne Sophie. 2013. *Theorizing Society in a Global Context*. Basingstoke: Palgrave Macmillan.

Krossa, Anne Sophie. 2020. *Analysing Society in a Global Context*. Basingstoke: Palgrave Macmillan.

Krossa, Anne Sophie. 2018. *Gesellschaft. Relevanz eines Kernbegriffs der Soziologie im Wandel*. Wiesbaden: Springer VS.

Krossa, Anne Sophie, und Kristian Naglo. 2019. Integration durch Fußball!? Integrationsideale und -realitäten in einem Sportangebot für Geflüchtete. In: *Fußball und Gesellschaft*, 1/2019: 69–89

Krüger, Michael. 2022. Zur Geschichte des Schulsports im 19. Und 20. Jahrhundert – *Milestones* der körperlichen Erziehung und des Sports. In *Geschichte und Zukunft des Schulsports in Lehre und Praxis*, Hrsg. Stefan König, M. Krüger, 20–32. Wiebelsheim: Limpert Verlag.

Kuhn, Oliver E. 2014. *Alltagswissen in der Krise. Über die Zurechnung der Verantwortung für die Finanzkrise*. Wiesbaden: Springer VS.

Langenohl, Andreas. 2010. Imaginäre Grenzen. Zur Entstehung impliziter Kollektivcodierungen in EU-Europa. In: *Berliner Journal für Soziologie*, 1, 2010: 45–63.

Langenohl, Andreas. 2013. Kultur und Zugehörigkeit. *Zeitschrift für interkulturelle Germanistik* 4 (2013), 149–167.

Langenohl, Andreas. 2015a. *Town Twinning, Transnational Connections and Trans-local Citizenship Practices in Europe*. Basingstoke: Palgrave Macmillan.

Langenohl, Andreas. 2015b. Ähnlichkeit als differenztheoretisches Konzept. Zur Reformulierung der Modernisierungstheorie. In Anil Bhatti, Dorothee Kimmich, Hrsg., *Ähnlichkeit. Ein kulturtheoretisches Paradigma*, 105–128. Konstanz: KUP.

Lanz, Juliane. 2022. Der Schulsport in der DDR. In *Geschichte und Zukunft des Schulsports in Lehre und Praxis*, Stefan König, Michael Krüger, Hrsg., 96–109. Wiebelsheim: Limpert Verlag.

Lechner, Frank J. 2022. The Changing World of Theory. In *Globalization/Glocalization: Developments in Theory and Application Essays in Honour of Roland Robertson*, Peter Beyer, Hrsg., 124–142, Leiden: Brill.

Lechner, Frank J., und John Boli. 2005. *World culture: origins and consequences*. Malden: Blackwell Pub.

Lee, Benjamin (1997): *Talking Heads*. Durham/London: Duke University Press.

Lee, Benjamin, und Edward Li Puma. 2002a. Cultures of circulation: the imaginations of modernity. In Benjamin Lee, Edward Li Puma: New Imaginaries. *Public Culture*, 14 (1)/2002: 191–213

Lee, Benjamin, und Edward Li Puma, Hrsg. 2002b. New Imaginaries. Special Issue in *Public Culture*, 14 (1)/2002.

Leue, Gunnar. 2023. *You'll Never Sing Alone. Wie Musik in den Fußball kam*. Mainz: Ventil.

Luckmann, Benita.1978. The Small Life-Worlds of Modern Man. In Thomas Luckmann, Hrsg., *Phenomenology and Sociology. Selected Readings*, 275–290. New York: Penguin Books.

Mayr, Florian. 2014. Gibt es Krisen, und wenn ja wie viele? Theoretisch-konzeptionelle Überlegungen zu einer Soziologie der Krise. *Eichstätter Beiträge zur Soziologie*: 1–15.

McLuhan, Marshall. 1964. *Understanding Media*. New York: Mentor.

Meuser, Michael. 2017. Fußballfans: Inszenierungen außeralltäglicher Männlichkeit. In Gabriele Sobiech, Sandra Günter, Hrsg., *Sport & Gender – (inter)nationale sportsoziologische Geschlechterforschung*, 179–192. Wiesbaden: Springer VS.

Mikos, Lothar. 2006. German football – a media-economic survey: the impact of the KirchMedia company on football and television in Germany. In Alan Tomlinson, Christopher Young, Hrsg., *German Football. History, Culture, Society*, 143–154. London: Routledge.

Montayne, James (2006): Entrepreneurship. In: Independent Review, 10 (4), S. 549–571.

Müller, Marion. 2009. *Fußball als Paradoxon der Moderne. Zur Bedeutung ethnischer, nationaler und geschlechtlicher Differenzen im Profifußball*. Wiesbaden: VS Verlag.

Müller-Jentsch, Walther. 2008. Der Verein – ein blinder Fleck der Organisationssoziologie. In *Berliner Journal für Soziologie*, 3, 2008: 476–502

Naglo, Kristian. 2008. Sprachpolitik und gesellschaftliche Heterogenität in Europa: das Beispiel des mehrsprachigen Raums Luxemburg. In *Österreichische Zeitschrift für Soziologie*, 33. Jg., 1/2008: 67–88

Naglo, Kristian. 2020a. The social world of elite youth football in Germany – crisis, reinvention, optimization strategies, and the role of schools. *Sport in Society*, *23*(8): 1405–1419.

Naglo, Kristian. 2020b. Event und die Herstellung von Globalität im lokalen Kontext: Ein Jugendfußballturnier. In Ronald Hitzler/Jo Reichertz/Norbert Schröer, Hrsg., *Kritik der Hermeneutischen Wissenssoziologie – Problematisierungen, Entwicklungen und Weiterführungen*, 326–338. Weinheim: Beltz Juventa.

Naglo, Kristian. 2025. Football in German schools and the role of the German FA in the context of a discourse of ‚crisis' and the World Cup 2006, In *Soccer & Society*, *26*(4): 672–686.

Naglo, Kristian. 2018a. Social Change, Astro-Turfs, and Entrepreneurial Activities in the Context of German Non-Elite Football: The Example of Lower-Division Club BSV Bielstein, In *The International Journal of the History of Sport*, *35*(7–8): 789–802.

Naglo, Kristian. 2018b. Facetten globaler Fußballkultur. In: *Bundeszentrale für politische Bildung, Online-Dossier zur Fußball WM 2018 in Russland*, http://www.bpb.de/internationales/europa/russland/270675/facetten-globaler-fussballkultur, Zugriff 7.8.2025.

Naglo, Kristian. 2018c. Krisen, Events & Post-Fans. Was die Soziologie über den Fußball sagt. In *Die politische Meinung. Zeitschrift für Politik, Gesellschaft, Religion und Kultur*, Nr. 549, März/April 2018, 63. Jahrgang: 37–41.

Naglo, Kristian. 2017. Soccer's Small Worlds. In Heather Dichter, Wray Vamplew, Hrsg., Aspiration and Reflection: Sport Historians on Sports History. Special Issue of the *International Journal of the History of Sport*: 414–419.

Naglo, Kristian. 2014. Professioneller und Amateurfußball in Deutschland und England: Diskursverschränkungen, Praktiken und implizite Kollektivität. In Anthony Waine, Kristian Naglo, Hrsg., *On and Off the field. Fußballkultur in England und Deutschland – Football Culture in England and Germany*, 239–264. Wiesbaden: Springer VS.

Naglo, Kristian. 2011. Language. In: Anne Sophie Krossa, Hrsg., *Europe in a Global Context*, 141–153. Basingstoke: Palgrave.

Naglo, Kristian/Waine, Anthony. 2014. Constructing National Football Cultures. In Anthony Waine, Kristian Naglo, Hrsg., *On and Off the field. Fußballkultur in England und Deutschland – Football Culture in England and Germany*, 9–24. Wiesbaden: Springer VS.

Naglo, Kristian, Dilwyn Porter, und Jürgen Mittag, Hrsg. 2019a. Small Worlds: Football at the Grassroots in Europe. Special Issue der Zeitschrift *Moving the Social: Journal of Social History and the History of Social Movement*, 61/2019.

Naglo, Kristian, Dilwyn Porter, und Jürgen Mittag. 2019b. Defining, Interpreting and Comparing Small Worlds of Football. In Kristian Naglo, Dilwyn Porter, Jürgen Mittag, Hrsg., Small Worlds: Football at the Grassroots in Europe. Special Issue der Zeitschrift *Moving the Social: Journal of Social History and the History of Social Movement*, 61/2019: 5–11.

Naglo, Kristian, Jochem Kotthaus, Christian Brandt, Hrsg. 2020. *Amateurfußball – Fußball der Amateur_innen*. Themenheft der *Zeitschrift für Fußball und Gesellschaft – FuG*, 1/2020.

Naglo, Kristian, und Anne Sophie Krossa. 2022. Perceptions of Integration in the Glocal World of Football. In Beyer, Peter, Hrsg., *Globalization/Glocalization: Developments in Theory and Application: Essays in Honour of Roland Robertson*, 218–236. Leiden: Brill.

Naglo, Kristian, und Anne Sophie Krossa. 2024. (Un-)Möglichkeiten demokratischer Bildung: Einheit und Differenz in sozialen Räumen des organisierten Fußballs. In *Wie ge-*

lingt partizipative politische Bildung für Jugendliche und junge Erwachsene im Fußball? Herausgegeben von Fabian Fritz, Birger Schmidt, Simon Walter, und Markus Zwecker, 151–165. Weinheim: Beltz Juventa.

Naglo, Kristian, und Dilwyn Porter. 2020. Amateurfußball im Wandel: Krise, Transformation und soziales Unternehmertum im deutsch-englischen Vergleich. In Christian Brandt, Jochem Kotthaus, und Kristian Naglo Hrsg., Amateurfußball – Fußball der Amateur_innen. *Zeitschrift für Fußball und Gesellschaft – FuG*, 1/2020: 42–64.

Naglo, Kristian, und Anthony Waine. 2011. Culture. In: Anne Sophie Krossa, Hrsg., *Europe in a Global Context*, 25–28. Basingstoke: Palgrave.

Nathaus, Klaus, 2009. *Organisierte Geselligkeit. Deutsche und britische Vereine im 19. und 20. Jahrhundert.* Göttingen: Vandenhoeck und Ruprecht Verlag.

Nathaus, Klaus. 2012. Between Club and Commerce: Comparing the Organisation of Sports in Britain and Germany from the Late Nineteenth to the Early Twentieth Century. In Eisenberg, Christiane, Andreas Gestrich, Hrsg., *Cultural Industries in Britain and Germany. Sport, Music and Entertainment from the Eighteenth to the Twentieth Century* 77–92. Augsburg: Wißner Verlag.

Naul, Roland. 2002. History of Sport and Physical Education in Germany, 1800–1945. In *Sport and Physical Education in Germany*, Roland Naul, Ken Hardman, Hrsg., 15–27. London: Routledge.

Nieswand, Boris. 2021. Die Diversität der Diversitätsdiskussion. In: Antje Röder, Dariuš Zifonun, Hrsg., *Handbuch Migrationssoziologie*., 1–26. Wiesbaden: Springer VS.

Osterhammel, Jürgen. 2011. *Die Verwandlung der Welt. Eine Geschichte des 19. Jahrhunderts*. C.H. Beck

Petri, Rolf. 2002. Nordschleswig und Südtirol. Heimat im Kontext multipler Identitäten. In: Michael G. Müller, Rolf Petri, Hrsg., *Die Nationalisierung von Grenzen. Zur Konstruktion nationaler Identität in sprachlich gemischten Grenzregionen*, 161–199. Marburg: Herder-Institut.

Pfeiffer, Lorenz. 2008. Schulfeind Fußball hat gesiegt. Die Einführung des Fußballs an den Schulen zur Zeit des Nationalsozialismus. In *Fußball zur Zeit des Nationalsozialismus. Alltag – Medien – Künste – Stars*, Hrsg. Markwart Herzog, 51–66. Stuttgart: Kohlhammer.

Pfister, Gertrud. 2003. Fußball als Erinnerungsort. Zur Globalisierung des Fußballsports an der Wende vom 19. Zum 20. Jahrhundert. In *Querpässe. Beiträge zur Literatur-, Kultur- und Mediengeschichte des Fußballs*, Hrsg. Rolf Adelmann et al., 27–48. Heidelberg: Synchron.

Plessner, Helmuth. 1969. *Die verspätete Nation: über die politische Verführbarkeit bürgerlichen Geistes*. Stuttgart: Kohlhammer

Porter, Dilwyn. 2011a. The end of the Amateur Hegemony in British Sport, c.1960–2000. In *Hitotsubashi Journal of Social Studies* 43/2011: 69–80.

Porter, Dilwyn. 2011b. Sports History and Modern British History. In: *Sport in History* 31:2, 2011: 180–196.

Porter, Dilwyn. 2012. More than a Game: Sport, Business and the Media in Britain since 1960. In Christiane Eisenberg, Andreas Gestrich, Hrsg., *Cultural Industries in Britain and Germany. Sport, Music and Entertainment from the Eighteenth to the Twentieth Century*, 124–138. Augsburg: Wißner Verlag.

Porter, Dilwyn, und Steven Wagg. 2008. *Amateurism in British sport: It matters not who won or lost?* London: Routledge.

Porter, Dilwyn, und Wray Vamplew. 2018. Entrepreneurship, sport and history: An overview. In *International Journal of the History of Sport*, 35 (7–8): 626–640.

Porter, Dilwyn (2018): Opportunistic, parasitic, strategic, symbiotic: Entrepreneurship and the business of sport. In: International Journal of the History of Sport, 35 (7-8), S. 641–658.

Porter, Dilwyn, und Wray Vamplew. 2018. Entrepreneurship, Sport, and History: An Overview. *The International Journal of the History* of Sport, 35(7–8), 626–640. https://doi.org/10.1080/09523367.2018.1544126

Porter, Dilwyn (2019): Researching the history of grassroots football in England: Sources and opportunities. In: Kristian Naglo/Jürgen Mittag/Dilwyn Porter: Moving the Social. Journal of Social History and the History of Social Movements, 61, S. 13–32.

Porter, Dilwyn, und Wray Vamplew. 2020. *Sport and Entrepreneurship*. Book Series: Sport in the Global Society – Historical Perspectives. London: Routledge

Porter, Dilwyn, und Christoph Wagner. 2014. Over the Line? England, Germany and Wembley 1966. In Anthony Waine, Kristian Naglo, Hrsg., *On and Off the Field*, 67–84. Wiesbaden: Springer VS.

Pyta, Wolfram. 2006. German Football: a Cultural History. In: Alan Tomlinson, Christopher Young, Hrsg., *German Football. History, Culture, Society*, 1–22. London: Routledge.

Ratten, Vanessa und Kathy Babiak. 2010. The role of social responsibility, philanthropy and entrepreneurship in the sport industry. In Journal of Management and Organization, 16, S. 482–487.

Reckwitz, Andreas. 2010. Auf dem Weg zu einer kultursoziologischen Analytik zwischen Praxeologie und Poststrukturalismus. In Monika Wohlrab-Sahr, Hrsg., *Kultursoziologie*, 179–205. Wiesbaden: VS Verlag für Sozialwissenschaften.

Reckwitz, Andreas. 2012. *Die Erfindung der Kreativität: Zum Prozess gesellschaftlicher Ästhetisierung*. Frankfurt a.M.: Suhrkamp.

Reckwitz, Andreas. 2022. Die Gesellschaft der Singularitäten. 6. Aufl., Berlin: Suhrkamp Verlag.

Redhead, Steve. 1997. *Post-Fandom and the Millenial Blues. The Transformation of Soccer Culture.* London: Routledge.

Redhead, Steve. 2015. *Football and Accelerated Culture. This Modern Sporting Life*. London: Routledge

Robertson, Roland. 1992. *Globalization: Social Theory and Global Culture*. London: Sage

Roslon, Michael und Richard Bettmann. 2020. Grenzen und Möglichkeiten der Hermeneutischen Wissenssoziologie in interkulturellen Gesellschaften. In Ronald Hitzler, Jo Reichertz und Norbert Schröer, Hrsg., Kritik der Hermeneutischen Wissenssoziologie. Weinheim: BeltzJuventa, 408–417.

Sandbrook, Dominic. 2006. *White Heat: A History of Britain in the Swinging Sixties, 1964–70*. London: Abacus

Schildt, Axel, und Detlef Siegfried. 2009. *Deutsche Kulturgeschichte. Die Bundesrepublik-1945 bis zur Gegenwart*. Bonn: Bundeszentrale für politische Bildung.

Schmidt, Robert. 2012. *Soziologie der Praktiken – Konzeptionelle Studien und empirische Analysen*. Frankfurt a.M.: Suhrkamp

Schneider, Jan Georg. 2008. *Perspektive Spielräume der Medialität. Linguistische Gegenstandskonstitution aus medientheoretischer und pragmatischer*. Berlin/New York: de Gruyter.

Schroer, Markus. 2008. Vom ‚Bolzplatz' zum ‚Fusballtempel'. Was sagt die Architektur der neuen Fußballstadien über die Gesellschaft der Gegenwart aus? In Gabriele Klein, Michael Meuser, Hrsg., *Ernste Spiele. Zur politischen Soziologie des Fußballs*, 155–174. Bielefeld: transcript.

Schulze, Gerhard. 1992. *Erlebnisgesellschaft: Kultursoziologie der Gegenwart*. Frankfurt a.M.: Campus Verlag.

Schulze-Marmeling, Dietrich. Hrsg. 2004. *Die Geschichte der Fußballnationalmannschaft*. Göttingen: Die Werkstatt.

Schwier, Jürgen. 2000. *Sport als populäre Kultur*. Hamburg: Czwalina Verlag.

Schwier, Jürgen/Schauerte, Thorsten. 2009. Die Theatralisierung des Sports. In Herbert Willems, Hrsg., *Theatralisierung der Gesellschaft*, 419–438. Wiesbaden: VS Verlag

Searle, John R. 1969. *Speech acts. An Essay in the Philosophy of Language*. Cambridge: Cambridge University Press.

Seibel, Wolfgang. 1996. Successful Failure. An Alternative View on Organizational Coping. In *American Journal of Sociology*, Jg. 39, H. 8: 1011–1024.

Smith, Adrian, und Dilwyn Porter. 2000. Amateurs and Professionals in Post-War British Sport. London: Frank Cass Publishers.

Soeffner, Hans-Georg. 1991. Trajectory – das geplante Fragment. Die Kritik der empirischen Vernunft bei Anselm Strauss. In: *Bios*, Jg. 4, H. 1, S. 1–12.

Soeffner, Hans-Georg, und Ronald Hitzler.1994. Hermeneutik als Haltung und Handlung: über methodisch kontrolliertes Verstehen. In Norbert Schröer, Hrsg., *Interpretative Sozialforschung: auf dem Wege zu einer hermeneutischen Wissenssoziologie*, 28–54. Opladen: Westdt. Verl.

Soeffner, Hans-Georg, und Dariuš Zifonun. 2006. Die soziale Welt des FC Hochstatt Turkspor. In: *Sociologia Internationalis*, 44 (1): 21–55

Soeffner, Hans-Georg, und Dariuš Zifonun. 2008. Integration: An Outline from the Perspective of the Sociology of Knowledge. *Qualitative Sociology Review*, 4 (2): 3–23.

Sommavilla, Fabian. 2022. *33 Sportereignisse, die die Welt verändern*. Greifswald: Katapult.

Sontag, Susan. 1982. Anmerkungen zu „Camp". In Susan Sontag, Hrsg., *Kunst und Antikunst. 24 literarische Analysen*, 322–341. Frankfurt a. M.: S. Fischer.

Stebbins, Robert A. 2020. *The Serious Leisure Perspective. A Synthesis*. Cham: Palgrave Macmillan.

Steger, Manfred B. 2012. Social Imaginaries. In Ritzer, George, Hrsg., *The Wiley-Blackwell Encyclopedia of Globalization*. Volume IV: NO-T, 1870–1871. Oxford: Blackwell.

Strauss, Anselm. 1978. A Social World Perspective. In: *Studies in Symbolic Interaction*, vol. 1:119–128.

Strauss, Anselm. 1993. *Grundlagen qualitativer Sozialforschung*. München: Fink.

Taylor, Charles. 2004. *Modern Social Imaginaries*. Durham/London: Duke University Press.

Taylor, Matthew. 2008. *The Association Game. A History of British Football*. Harlow: Pearson.

Teichler, Hans Joachim. 2006. Fußball in der DDR. In *Aus Politik und Zeitgeschichte*, 19/2006: 26–33.

Tenbruck, Friedrich H., und Wilhelm A. Ruopp (1983): Modernisierung – Vergesellschaftung – Gruppenbildung – Vereinswesen. In: Friedhelm Neidhardt, Hrsg., Gruppensoziologie. Perspektiven und Materialien. *Kölner Zeitschrift für Soziologie und Sozialpsychologie*, Special Issue 25: 65–74.

Tönnies, Ferdinand. 1979. *Gemeinschaft und Gesellschaft. Grundbegriffe der reinen Soziologie*. Darmstadt: Wissenschaftliche Buchgesellschaft.

Urry, John. 1988. *The Tourist Gaze*. London. Sage.

Vamplew, Wray. 2018a. The Commodification of Sport: Exploring the Nature of the Sports Product. In *The International Journal of the History of Sport, 35*(7–8): 659–672.

Vamplew, Wray. 2018b. Products, promotion and (possibly) profits: Sports entrepreneurship revisited. In *Journal of Sport History*, 45 (2): 183–201.

Vamplew, Wray. 2016. Playing together: Towards a theory of the British sports club in history. In *Sport in Society*, 19 (3): 455–469.

Verheyen, Nina. 2019. *Die Erfindung der Leistung*. Bonn: Bundeszentrale für politische Bildung.

Wagg, Stephen. 2014. That German Boy who Played for Manchester: Bert Trautmann – Biography, History and Politics. In Anthony Waine, Kristian Naglo, Hrsg., *On and Off the Field*, 25–46. Wiesbaden: Springer VS.

Waine, Anthony. 2007. *Changing Cultural Tastes. Writers and the Popular in Modern Germany*. New York: Berghahn.

Wallerstein, Immanuel. 2004. *World-Systems Analysis: An Introduction*. Duke University Press

Williams, Raymond. 1989. *Culture*. London: Fontana Press.

Werron, Tobias. 2010. World Sport and its Public: On Historical Relations of Modern Sport and the Media. In Ulrik Wagner; Rasmus Storm; John Hoberman, Hrsg., *Observing Sport. Modern system theoretical approaches*. Reihe Sportsoziologie, 33–60. Schorndorf: Hofmann.

Turner, Mark. 2014. English Football Goal Celebrations within a Global Context. In Anthony Waine, Kristian Naglo Hrsg., *On and Off the Field*, 175–192. Wiesbaden: Springer VS.

Vamplew, Wray. 2018. The Commodification of Sport: Exploring *the Nature of the Sports Product. In The International Journal of the History of Sport, 35*(7–8): 659–672.

Vandevoordt, Robin, Noel Clycq, und Gert Verschraegen. 2018. Studying Culture through Imaginaries Some Reflections on the Relevance of Imaginaries for the Social Sciences. In Hans Alma, Guido Vanheeswijk, Hrsg., *Social Imaginaries in a Globalizing World*, 167–192. Berlin: de Gruyter/Brill.

Vester, Taya. 2020. „So eine Fotze, die sieht doch nichts!" – Eine empirische Annäherung an das Erleben und den Umgang mit persönlichen Diskriminierungen von Schiedsrichterinnen im deutschen Amateurfußball. In Christian Brandt, Jochem Kotthaus, Kristian Naglo, Hrsg., Amateurfußball – Fußball der Amateur_innen. *Fußball und Gesellschaft – FuG*, 1: 22–41.

Waine, Anthony, Kristian Naglo, Hrsg. 2014. *On and Off the field. Fußballkultur in England und Deutschland – Football Culture in England and Germany*. Wiesbaden: Springer VS.

Waine, Anthony, und Vivien Hacker. 2014. The Phenomenon of David Beckham: Incorporating Cultural Mobility and Cosmopolitanism. In Anthony Waine, Kristian Naglo, Hrsg., *On and Off the Field*, 47–66. Wiesbaden: Springer VS.

Wetzels, Michael. 2022. *Affektdramaturgien im Fußballsport. Die Entzauberung kollektiver Emotionen aus wissenssoziologischer Perspektive*. Bielefeld: transcript.

Willems, Herbert. 2009. *Theatralisierung der Gesellschaft. Band 1: Soziologische Theorie und Zeitdiagnose*. Wiesbaden: Springer VS.

Willems, Herbert. 2012. *Synthetische Soziologie. Idee, Entwurf, Programm*. Wiesbaden: Springer VS.

Wöhler, Karl-Heinz. 2001. Tourismus und Nachhaltigkeit. In *Aus Politik und Zeitgeschichte*, B 47/2001: 40–46.

Zambon, Kate. 2025. *Interrogating Integration. Sport, Celebrity, and Scandal in the Making of New Germany*. Michigan: University of Michigan Press.

Zeyringer, Klaus. 2016. *Fußball. Eine Kulturgeschichte*. Frankfurt a.M.: S. Fischer.

Ziesche, Daniel. 2020. *Lower League Football in Crisis. Issues of Organisation and Legitimacy in England and Germany*. Cham: Palgrave Macmillan.

Zifonun, Dariuš (2008): Imagined Diversities. Migrantenmilieus in der Fußballwelt. In Gabriele Klein, Michael Meuser, Hrsg., *Ernste Spiele. Zur politischen Soziologie des Fußballs* 43–48. Bielefeld: transcript.

Zifonun, Dariuš. 2014. Die interkulturelle Konstellation. In: Hans-Georg Soeffner, Thea D. Boldt, Hrsg., *Fragiler Pluralismus, Wissen, Kommunikation und Gesellschaft*, 189–205. Wiesbaden: Springer VS.

Zifonun, Dariuš. 2015. Posttraditional Migrants: A Modern Type of Community. In *Journal of Contemporary Ethnography* 44:5: 617–635.

Zifonun, Dariuš. 2016. *Versionen. Soziologie sozialer Welten*. Weinheim: Beltz Juventa.

Zifonun, Dariuš, und Kristian Naglo. 2019. Core Activity, Event and Crisis: Ethnographies in Football Worlds. In Kristian Naglo, Dilwyn Porter, Jürgen Mittag, Hrsg., Small Worlds: Football at the Grassroots in Europe. Special Issue der Zeitschrift *Moving the Social: Journal of Social History and the History of Social Movements*, 61/2019: 61–82.

MIX
Papier | Fördert gute Waldnutzung
FSC® C083411

Kolibri 360 GmbH
Ferdinand-Jühlke-Straße 7
99095 Erfurt, Deutschland
produktsicherheit@kolibri360.de